桔梗栽培与加工利用技术

李 欣 胡庆华 主编

科学技术文献出版社
SCIENTIFIC AND TECHNICAL DOCUMENTATION PRESS
·北京·

图书在版编目（CIP）数据

桔梗栽培与加工利用技术 / 李欣，胡庆华主编. —北京：科学技术文献出版社，2014.8

ISBN 978-7-5023-9126-3

Ⅰ.①桔… Ⅱ.①李… ②胡… Ⅲ.①桔梗—栽培技术 ②桔梗—加工利用 Ⅳ.①S567.23

中国版本图书馆 CIP 数据核字（2014）第 131050 号

桔梗栽培与加工利用技术

策划编辑：孙江莉 责任编辑：孙江莉 吕海茹 责任校对：张燕育 责任出版：张志平

出 版 者 科学技术文献出版社
地　　址 北京市复兴路15号 邮编 100038
编 务 部 （010）58882938，58882087（传真）
发 行 部 （010）58882868，58882874（传真）
邮 购 部 （010）58882873
官方网址 www.stdp.com.cn
发 行 者 科学技术文献出版社发行 全国各地新华书店经销
印 刷 者 北京金其乐彩色印刷有限公司
版　　次 2014年8月第1版 2014年8月第1次印刷
开　　本 850×1168 1/32
字　　数 96千
印　　张 4.5
书　　号 ISBN 978-7-5023-9126-3
定　　价 12.00元

编委会

内容简介

桔梗是一种药、食、观赏兼用的植物品种，其根不仅是我国40种大宗中药材之一，而且还是咸菜、泡菜的原料。本书内容包括桔梗的植物学特征与对栽培环境的要求、引种与扩繁、桔梗的商品化生产与管理、桔梗的病虫害防治、桔梗的贮藏与加工等内容，语言通俗易懂，实用性和可操作性强，对桔梗的无公害生产具有很强的指导作用，除供广大农民、农业技术人员、农村基层干部在实际生产中参考外，也可供有关农业学校师生参阅。

前　言

桔梗为桔梗科多年生草本植物，别名如铃铛花、包袱花、四叶菜、爆竹花、土人参、白药、梗草、苦梗、苦桔梗等，以根入药，为我国40种大宗常用中药材之一。

桔梗除药用外，还作为一种保健蔬菜，在韩国、朝鲜、日本、东南亚各国及我国南、北方多山地区，把桔梗作为蔬菜食用十分普遍。近年来由于过度采挖野生资源，导致野生桔梗资源日益减少。但随着我国中医药事业的发展及国内需求量和出口量的增加，桔梗鲜、干货产品供不应求，价格大幅度上涨，成为农民增收的一个新亮点。

为了满足农民种植桔梗实际生产的需要，笔者组织了长期从事桔梗种植技术研究工作的相关人员，对桔梗的植物学特征与栽培环境的要求、引种与扩繁、桔梗的商品化生产与管理、桔梗的病虫害防治、桔梗的贮藏与加工等方面进行了详细的讲述，希望为桔梗种植者获得较好的经济效益提供些许帮助。

本书内容全面，语言通俗易懂，实用性和可操作性强，除可供广大农民、农业技术人员、农村基层干部在桔梗生产中参考外，也可供有关农业的师生参阅。但由于水平所限，编写过程中的疏漏和不当之处敬请业内人士和广大读者批评指正，并在此对参考资料的原作者表示衷心的感谢。

编者

目　录

第一章　桔梗种植概述

桔梗为桔梗科桔梗属多年生草本植物，别名很多，如铃铛花、包袱花、四叶菜、爆竹花、土人参、白药、梗草、苦梗、苦桔梗等，朝鲜族称“道拉基”，是我国40种大宗常用中药材之一，以宣肺、散寒、祛痰、排脓等药用功效被广泛应用，是一种不可替代的主原料药材，药用量大且历史悠久。

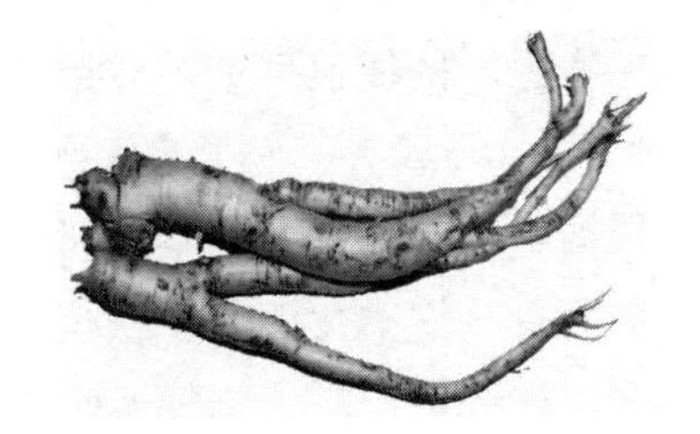

图1–1　桔梗（植株及根）

桔梗除药用外，而且还是著名的保健蔬菜。在韩国、朝鲜、日本、东南亚各国及我国南、北方多山地区，把桔梗作为蔬菜食用十分普遍。

我国从20世纪60年代中期开始，随着医药卫生事业的发展，桔梗药用量不断增加，人工栽培面积不断扩大，成为商品桔梗的主要来源。20世纪80年代开始，桔梗市场价格趋稳，需求趋旺，销量增加，出口量上升，成为农民增收的一个新亮点。

第一节　桔梗种植的价值

桔梗是一种药、食、观赏兼用的植物品种之一。作为中药，具有宣肺、散寒、祛痰、排脓等功效；作为蔬菜，可腌渍、炒食、煲汤，也可做干桔梗丝、桔梗果脯等；作为观赏植物，形色俱佳。

1. 药用价值

桔梗以根入药，始载于《神农本草经》。《本草纲目》中李时珍曰："此草之根结实而梗直，故名桔梗。"

中医学认为，桔梗根味苦，辛，性微温，入肺，胃经，具有宣肺、散寒、祛痰、排脓等功效，主治外感咳嗽、咽喉肿痛、胸闷腹胀、支气管炎、胸膜炎等症。

在我国，桔梗很早就被应用于临床治病，张仲景所著《伤寒论》中，记载有三物百散、桔梗汤等方剂，均以桔梗为主药。根据中药处方，我国学者研制了信宁止咳糖浆、复方桔梗片、桔梗百咳饮、化痰丸、祛痰灵、健民咽喉片、小儿化痰止咳冲剂、神奇枇杷露、桔梗八味颗粒等桔梗制剂，疗效确切显著。桔梗除具有止咳祛痰的作用，还被用于治疗咽喉疾病、急性腰扭伤等。桔梗苍耳煎可以有效地治疗鼻炎，而以桔梗为主开发出的常春茶具有益气养颜、活血化瘀、理气运脾之功效，是保健和抗衰老的佳品。

桔梗在我国用于治病已经有几千年的历史，但由于当时科学技术的限制，对药物成分和药理作用没有明确的答案。20世纪40年代开始，有学者对桔梗进行药理分析，应用现代分离分析技术，发现桔梗主要药理成分是桔梗皂苷，另外还含有萜烯类物质及远志酸、菠菜甾醇、菠菜甾醇葡萄糖苷、桦木脑、脂肪油、桔梗多糖、生物碱等，有祛痰止咳、抗炎、解热镇痛、镇静、抑制胃酸分泌及抗胃溃疡、影响肠平滑肌等作用。

我国学者的研究表明，桔梗还具有降血压、扩张血管、降血糖、抗胆碱、促进胆酸分泌、抗过敏、治疗胰腺炎及增强人体免疫力等广泛的药理作用；日本学者利用桔梗组培愈伤组织或分化根为原料制成了菊粉型肿瘤抑制剂。近年来，日本学者研究桔梗的提取物时发现，桔梗提取物有抑制黏多糖的降解、消除氧自由基、抗氧化作用，并将桔梗的提取物用于化妆品和浴液中；同时报道用酸液电解作用制备香味物质及色素物质，用于化妆品生产。

此外，桔梗提取物制成酒精吸收抑制剂，还可作为气味掩饰剂添加到杀虫剂中。有学者将桔梗等24种常用蔬菜的70%酒精提取物加到含有丝裂霉素C的培养基中，发现桔梗等的提取物具有抗丝裂霉素C诱变的保护功能。桔梗还具有降低烟草毒性，控制人体血液酒精含量提高等作用，因此可制成烟草添加剂，以及酒精吸收抑制剂。

2. 食用价值

桔梗作为功能性保健食品，含有丰富的营养元素。据测定，每100克桔梗根中含有胡萝卜素8.81毫克，维生素B 138毫克，尼克酸0.3毫克，蛋白质0.19克，粗纤维21.9克，维生素C 12.67毫克，钙585毫克，磷180毫克。桔梗根含有多种人体必需微量元素，多种氨基酸，其中含有人体不能自行合成的必需氨基酸7种（苏氨酸、缬氨酸、蛋氨酸、异亮氨酸、亮氨酸、苯丙氨酸和赖氨酸）以上。

食用的桔梗，要除去茎叶，将根洗净刮去表皮，在沸水中焯过，撕成细丝或小块，直接炒食或加调料拌食。桔梗拌以调料腌制的“五香桔梗丝”香脆可口，深受人们的喜爱，是餐桌上极好的佐菜。桔梗嫩茎叶可炒食，也可做汤食用。此外，桔梗还可供酿酒用，也可用来制粉，大量的种子可用于榨油食用。

在生活中，桔梗的食疗作用得到了普遍的应用，如干桔梗或鲜桔梗去皮后用水煎汤，有祛除疲劳和镇痛之功效。桔梗作为滋补的佐料，平时煎熬食物中加入一些桔梗，可起到祛火凉补的功效。乙肝和肝炎患者平时用桔梗煎汤饮用，可作为日常保健之最佳饮品。用白酒浸泡桔梗，酒的口味更好，并可疏筋通血，强身健体。

3. 观赏价值

桔梗形色俱佳，是很好的园林观赏植物，在百花园中，别具一景。

桔梗叶对生、轮生或互生，叶色鲜绿，表面光滑亮泽，观赏效果较好。花单朵或两三朵着生于梢头，含苞时如僧帽，开后似铃铛，花呈紫蓝、翠蓝、净白等多种颜色，花有单瓣、重瓣和半重瓣的，花姿宁静高雅，花色娇而不艳，花朵紫中带蓝，蓝中见紫，清心爽目，特别是在盛夏时节里，能给人以宁静、幽雅、舒适的感受。

第二节　桔梗的产区分布

桔梗为耐干旱的植物，野生桔梗多生于海拔1100米以下丘陵地带的干燥山坡、坡地、林缘灌丛、砍伐后的杂木林间、干草甸和草原等地。

桔梗为广布种，在我国大部分地区均有分布，其范围在北纬20°～55°、东经100°～145°间。主要分布于内蒙古、黑龙江、安徽、湖南、陕西、山西、福建、江西、广东、广西、河南、湖北、辽宁、吉林、浙江、河北、江苏、四川、贵州、山东、云南等地。这些地方野生、人工种植均有，部分地区已走上了桔梗产业化的道路，取得了较好的经济效益。其中东北、内蒙古野生产量较大，安徽、河南、湖北、河北、江苏、四川、浙江、山东人工种植产量较大。全国以东北、华北产量最大，华东产品质量好，商品药材以东北和华北产量最大，以华东地区品质好。

除我国外，在俄罗斯远东地区、朝鲜半岛、日本、地中海地区及巴尔干地区均有桔梗分布。

第三节　桔梗的植物学特性

桔梗为多年生草本植物，每年冬季地上部枯死，以根在土中越冬。

一、桔梗的类型

桔梗科桔梗属植物全世界只有紫花桔梗和白花桔梗两种，其中白花桔梗是桔梗的变种。

在桔梗商品栽培中，入药者则以紫花桔梗为主，白花桔梗常用作蔬菜栽培。

二、桔梗的形态特征

桔梗植株由根、茎、叶、花、果实组成，全株含有白色乳汁，光滑无毛。

1. 根

自然生长的桔梗根（图1–2）多有分支，主根呈圆柱形或纺锤形，根肉质粗壮，稍扭曲，长10～20厘米，直径1～2厘米。外皮黄褐色或灰褐色，有扭转的纵沟及横长的皮孔斑痕，上部有横纹，易剥离。

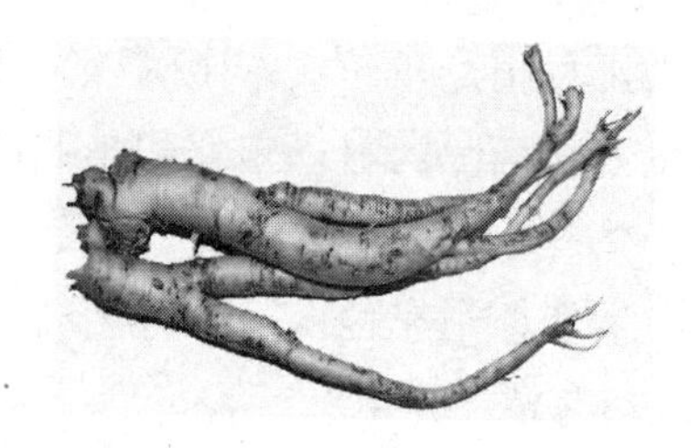

图1–2 桔梗根

顶端根茎长0.5～4厘米，直径约1厘米，茎痕排列呈盘节状。1年生苗根茎上仅有1个顶芽；2年生苗除顶芽外，一般可萌发侧芽2～4个。

桔梗根质坚实，横断面淡黄色，形成层环棕色，皮部有稀少放射状裂隙。气微，味微甜后苦。

2. 茎

桔梗茎（图1–3）直立，高30～120厘米，光滑无毛，通常不分枝或上部稍分枝。

桔梗根据株型的大小，可分为大株型和小株型；根据抗倒伏特性，可分为强抗倒伏、中抗倒伏、弱抗倒伏型；根据植株的高矮，可分为高秆、中秆和矮秆型；根据植株分支数的多少，可分为强分支型和弱分支型。

我国的科研工作者从紫花桔梗中筛选出两种类型，一种茎直立，茎分支较多，产量高；一种茎倒伏，茎的分支较少，产量低。直立型桔梗光合作用强，物候期适宜，种子和根的产量高，且有效成分含量高，适宜推广。但倒伏型桔梗仍有许多可取之处，如根的折干率较大，蔗糖和果糖的含量较高等，是重要的种质资源。

图1–3　桔梗茎、叶

3. 叶

桔梗叶3片或4片轮生，或部分对生、互生，无柄或极短；叶片卵形或卵状披针形，先端渐尖，基部宽楔形，叶缘有齿，长2～7厘米，宽0.5～3厘米，叶面绿色，叶背蓝绿色，被白粉，脉上有时有短毛。

4. 花

桔梗花单生于茎顶（图1–4），或几朵生于枝端成假总状花序；花萼无毛，有白粉，裂片5；花冠阔钟状，紫色或蓝紫色。桔梗花直径3～6厘米，长2～3.5厘米，裂片5；雄蕊5，离生，花丝基部变宽呈片状，密生白色细毛；雌蕊1，子房半下位，5室，柱头5裂。

桔梗花期7～9月。2年生桔梗开花5～15朵，结实率可达70%左右。上午开花，雄蕊先于柱头成熟，虫媒花，自交不孕。

图1–4　桔梗花

5. 果实

桔梗果实成熟期8～10月，为蒴果（图1–5），倒卵形，成熟时顶部盖裂为5瓣。

图1–5　桔梗蒴果

种子倒卵形或长倒卵形（图1–6），一侧具翼，全长2～2.6毫米，宽1.2～1.6毫米，厚0.6～0.8毫米。桔梗种子的颜色有黑色、乌黑色、黑褐色、深褐色、黄褐色等，有光泽，显微镜下可见深色纵行短线纹。种脐位于基部，小凹窝状，种翼宽

0.2～0.4毫米，颜色常稍浅。胚乳白色半透明，含油分，胚细小，直生，子叶2枚。千粒重0.93～1.4克。

图1-6　桔梗种子

三、桔梗的生长发育

1. 桔梗物候期的划分

植物每年都有与外界环境条件相适应的形态和生理机能，并呈现一定的生长发育规律性，这种有规律的生长发育活动周期叫物候期。在同一地区的不同年份，其物候期不尽相同。

桔梗的物候期可分为出苗期、营养生长期、孕蕾开花期、结果期和枯萎休眠期五个阶段，全生育期120～180天。

根据在河北的观察，桔梗的生长期为：4月下旬至5月上旬，当日平均气温超过10℃时，其更新芽即萌动生长，露出地面。5～8月为营养生长期，8月中旬为盛花期，9～10月蒴果成熟期，10月后地上茎叶枯萎。

在浙江的生长期为：3月中下旬出苗，随着气温升高而抽茎展叶，5～6月为营养生长盛期，7月下旬至9月上旬为花期，9月为蒴果成熟期，10月地上茎叶枯萎。

2. 生长发育特性

桔梗为广布种，在我国大部分地区均有分布，每年春、夏、秋三季生长、开花、结实，冬季来临前，地上部枯萎，根以休眠状态在土壤中越冬。

（1）种子特性：桔梗种子粒瘦小，种子寿命短，发芽率低。不同年生种子的发芽率也不相同，1年生植株上采的种子发芽率为50%～60%，2年生植株上采的种子发芽率可达85%左右，贮存2年以上的种子发芽率很低。由于陈种子发芽率低，桔梗栽培最好用上一年秋季的新产种子，新种子发芽快，发芽率高，长出的苗均匀，健壮。

（2）地上茎特性：桔梗地上茎增长最快的生长时期为7月初至8月中旬。

（3）根部特性：桔梗为深根性植物，根长及根粗均随株龄而增大。当年主根主要进行伸长生长，长度可达15厘米以上，直径在0.5～1.5厘米；第2年的6～9月为根的旺盛生长期，并且根的直径生长加速。

早春出苗，地上植株生长消耗营养，桔梗单支根重在6月中旬有一个减重期；过了7月以后，桔梗单支根重随着生长季节呈现上升趋势；从9月下旬至10月上旬，桔梗单支根重达到最大；10月后由于地上部枯萎，根部减重。

（4）开花习性：桔梗花期长，达3个月左右。首先从上部抽蕾开花，7月初进入开花期，开花期与结果期没有明显的界限。一般将桔梗的开花定为孕蕾期、现蕾期、盛蕾期、现花期、盛花期、末花期。

①孕蕾期：桔梗的整个花芽分化时期都应属于孕蕾期，当5月20日左右气温回升到10℃左右时，花芽开始分化，至6月下旬

现蕾，长达1个多月的时间为桔梗的孕蕾期。

②现蓄期：桔梗最早现蕾的是顶花，以后叶腋上开始现蕾。桔梗在6月22日左右已经从顶芽开始现蕾，到6月末已有5%的花蕾出现，通常把这一时期定为桔梗的现蕾期。

③盛蕾期：桔梗从现蕾期到盛蕾期大约需要8天的时间，在7月上旬现蕾数约占花蕾数量的50%。因此，这一时期通常被定为桔梗的盛蕾期。

④现花期：桔梗从顶部开始现蕾到开花大约需要10天。桔梗蓝色或白色花冠暴开时算作桔梗真正意义上的开花，开花前桔梗花冠由绿色到蓝色或白色的过程是桔梗开花的准备过程。桔梗从顶部开第一个花到开花数占总开花数5%大约需要1周的时间。因此，把7月中旬定为桔梗的现花期。

⑤盛花期：桔梗5%花蕾开放到30%花蕾开放一般需要1周左右的时间，此时桔梗达到盛花期，时间大约在7月中旬以后。由于桔梗开花是从顶向下依次开放，花期很长。一般人为规定，桔梗从开花数占总开花数30%算起一直到落花数占总落花数70%以下这段时间定为桔梗的盛花期，时间大约从7月中、下旬到8月末。

⑥末花期：由于桔梗的开花期很长和开花的不连续性，所以很难定义末花期，一般人为定义桔梗的末花期为田间落花数占总落花数70%以上这段时间。时间上应从8月末到9月初开始，一直到田间无开花为止（出现霜冻前后）。

（5）授粉习性：桔梗为异花授粉植物，雌雄蕊异熟及花粉寿命较短导致了桔梗天然自交结实率很低。桔梗柱头最佳授粉期为花冠开裂后4～6天，而花药在开花当天，开裂散粉后枯萎，开始散粉时花粉活力81.4%，3天后降为27.6%，天然自交结果率只有4.8%。

（6）结果期习性：桔梗的结果期一般在8月末开始，直到枯萎期，多分为现果期、盛果期、果实成熟期。

①现果期：从桔梗花冠枯萎开始出现果实到现果5%这段时间是为桔梗的现果期。

桔梗随着开花的结束，蒴果逐渐膨大，种子也逐渐充满果壳，桔梗每果中含有多粒种子，1年生的桔梗种子不宜留种，为避免此期消耗能量，应该及时摘除。对于桔梗的留种田，在这时期也应该注意疏果，每株留5～8个果实，以提高桔梗种子的质量和地下部分的生物量。

②盛果期：人为规定桔梗田间有30%果实出现到有70%果实出现这段时间为桔梗的盛果期。时间一般是从8月中旬到9月中旬。

③果实成熟期：立秋以后桔梗逐渐进入衰老时期，果实逐渐成熟。一般规定，桔梗田间有5%果实开始成熟的时候，便标志着桔梗进入果实成熟期，即8月下旬以后为桔梗果实的成熟期。

第四节　桔梗对栽培环境的要求

桔梗的适应性较广，对环境条件的要求不严，我国南北各地均可栽培。

1. 温度

桔梗对温度要求不严，既能在严寒的北方安全越冬，又能在高温条件下的南方生存。

一般种子在土壤水分充足时，温度18～25℃条件下，播种后15天即可出苗。如果温度下降到14～18℃时，将推迟至25天出苗。在东北地区，每年的4月下旬至5月上旬，地温稳定在10℃时，开始缓慢出苗。气温过高过低或干旱都会显著减缓出苗的速度。气温低于8℃时，桔梗不仅出苗缓慢，而且生活力也降低，已经出土的桔梗苗，也迟迟的不展叶，表现出节间短、苗矮小的不适应症状。秋季霜后日平均气温10℃以下时枯萎，其根较耐寒，能耐－20℃的低温条件，可在地下严寒的北方安全越冬。

2. 光照

桔梗喜光、喜温和湿润凉爽气候。苗期怕强光直晒，须遮荫。成株喜阳光，因此应选择向阳地栽培。在光照不足的情况下，植株生长细弱，发育不良，容易徒长和倒伏。

3. 水分

桔梗适宜在雨量充足的气候条件下播种或栽培。播种或栽培后，如果土壤墒情不好，或者天气久旱不雨，将影响种子出苗，造成缺苗断垄。

桔梗苗期对水的要求相当高，可采用间歇喷雾进行育苗。花苞出现后，过多的水分对其生长不利，根部易受病害侵入。花蕾形成期若出现高温、高湿环境，容易引起真菌性病害。土壤水分过多或积水易引起根部腐烂，但是生长期供水不足，茎叶生长细弱并提早开花。

4. 土壤与pH值

桔梗对土壤要求不严，一般土壤均能种植，但不宜连作。由于桔梗根系肥大，喜肥，土层深厚、肥沃、疏松、排水良好的壤土或沙质壤土中植株生长良好。土壤pH值6.5～8.5均能生长，以pH值6.5～7为宜，重黏土、盐碱地、白浆土和涝洼地不利于桔梗生长。桔梗虽对土质要求不严，但以栽培在富含磷、钾的中性沙土里生长较好，追施磷肥，可以提高根的折干率。

若无适宜地块，需在黏性土壤地块上种植，则必须对土质进行改造，否则桔梗生长不良。

5. 肥料

土壤是桔梗养分的源泉和储存库，但由于土壤养分数量和释放速度有限，不能完全满足桔梗的生长需要，因此必须人为地向土壤补充各种养分，即进行施肥。无论是大量元素还是微量元素，对于桔梗的生长来说都是必不可少的，但各元素之间及其与桔梗的生长和发育过程之间，都有极其复杂的相互联系和相互制约的关系，如果肥料施用不当，对于桔梗的生长发育会造成不良的影响。因此，必须在了解肥料性质和桔梗生物学特性的基础上进行科学施肥。

（1）桔梗的需肥规律：桔梗在生长初期需氮、磷较高，中期需钾较高，因此，人工种植桔梗需施足底肥，后期可适量追肥。

据试验，在长春地区，氮在7月10日～7月17日是第一个吸收高峰期，磷则在6月26日～7月3日，钾则在7月3日～7月10日是第一个吸收高峰期。氮、磷在8月28日～9月4日均出现了第二个吸收高峰期，钾在9月18日～9月25日出现了第二次非常明显的吸收高峰期。7月24日～8月28日，氮、磷、钾吸收量均较低且变化较小。因此，地上部分快速生长期、枯萎期是桔梗营养吸收的高峰期。根据其营养特点，除一次性施足底肥外，以后在7月中旬第二次吸收高峰期来临前为最佳追肥期。

（2）桔梗的需肥量：据试验，桔梗一个生育周期对氮、磷、钾三要素的吸收量以收获物（根）中的含量来计算，每生产根100千克，吸收的氮（N）0.4133千克，磷（P_2O_5）0.33千克，钾（K_2O）0.6033千克，$N : P_2O_5 : K_2O=1.25 : 1 : 1.83$。

（3）桔梗生产中使用的肥料种类：肥料的种类很多，按其作用可分为直接肥料和间接肥料。前者可以直接提供桔梗所需的各种养料，后者通过改善土壤的物理、化学和生物学性质而间接影响桔梗的生长发育。肥料按其来源，分为自然肥料（即农家肥料）和商品肥料；按照它们见效的快慢，可分为速效、缓效和迟效肥料；也可按植物生长发育不同阶段对养分的要求，分为种肥、追肥和基肥等。

①自然肥料：自然肥料是指主要来源于植物或动物的含碳物料，如人粪尿、家畜禽粪、堆沤肥、绿肥、城镇餐饮废弃物、土壤接种物、饼肥等。其中，饼肥是油料作物榨油后剩下的残渣，主要有大豆饼、芝麻饼、葵花子饼、油菜饼、棉花子饼等。各种类型的饼肥中一般富含有机质、氮，相当数量的磷、钾和微量元素，其中钾可以被桔梗直接利用。饼肥效果虽好，但是成本太高，在桔梗种植中酌情使用，在使用过程中不得距苗太近，以免生蛆或烧苗。

②商品肥料：商品肥料是通过物理、化学工业方法制成的，其标明养分呈无机盐形式，如尿素、硫酸铵、碳酸氢铵、硫酸钾、过磷酸钙、氯化钾、硫酸镁等。

第五节　桔梗种植前景

桔梗是我国传统常用的中药材，近年来桔梗除作为全国销量最大的40种传统中药材之一继续走俏外，还作为大宗出口蔬菜销往韩国、朝鲜、日本、东南亚各国，出口量连年递增，产品供不应求，价格大幅度上涨，发展前景十分看好。

1. 野生资源减少

多年来野生桔梗一直货紧价扬，在全国中药材市场上均货源稀疏，因此人工种植是解决供需矛盾的必由之路。

2. 发展缓慢

由于受前些年桔梗价低的影响，加之种植桔梗需2～3年才能产出，致使很多药农减少了种植面积，其中仅黑龙江、吉林两省的桔梗种植面积就减少70%左右，产量下降，库存严重不足。同时，由于桔梗不易保管，极易虫蛀、泛油、变质，药商不愿多进货，也使库存急剧下降，价格慢慢回升，但重视者不多，各原产区也未有大面积增长。

再者，前些年价低，致使新种子货源减少，陈种发芽率低，极大地限制了生产发展。种子价格的上涨，让一些陈种充斥市场，鱼目混珠，直接影响近几年的生产发展。

3. 后市分析

业内人士分析，从市场行情来看，受各因素的影响，桔梗价格还要不断上涨，后势将保持稳定，或稳中有升。各药商对其信心十足，一致看好。

对于种植而言，这时候也正是大力发展的极佳切入点，希望广大种植者抓住时机，大胆地发展桔梗种植，在缓解供需矛盾的同时，也可获得丰厚的利润。

第二章　桔梗的引种与扩繁

药用植物的引种驯化是研究野生药用植物通过人工培育，使野生变为家种，以及研究将药用植物引种到自然分布区以外的新环境条件下生长发育、遗传、变异规律的科学。它以这些学科的理论为依据，通过引种驯化，更合理有效地开发药用植物资源，从而可以更好地为人类服务。

根据植物引入新地区后出现的不同适应能力及采取的相应人为措施，植物引种可以分为简单引种和驯化引种。植物原分布区与引种地自然环境差异较小，或其本身的适应性强，不需要特殊处理及选育过程，只要通过一定的栽培措施就能正常的生长发育，开花结实，繁衍后代，称为“简单引种”。而植物原分布区与引种地之间自然环境差异较大，或其本身的适应性需通过各种技术处理、定向选择和培育，使之适应新环境，称为“驯化引种”。驯化引种强调以气候、土壤、生物等生态因素及人为对植物本性的改造作用，使植物获得对新环境的适应能力。因此，引种是初级阶段，驯化是在引种基础上的深化和改造。

随着中医药事业的发展，一些药用植物的野生资源日益减少，甚至濒临灭绝，而需求量又日益增加。因此对这些种类的野生种进行引种驯化，使野生变家种，可以有效的保护药用植物资源。

第一节　引种及选种

桔梗分药用和菜用两大类，入药者以紫花桔梗为主，白花桔梗常作蔬菜食用。种植者可根据自身的条件选择引种菜用品种还是药用品种。

一、引种方式

桔梗的引种可直接从本地野外资源挖取根或采收种子，或从外省（区）引进种子或根进行繁殖。

1. 从野外引种

野生桔梗（图2–1）多生于海拔1100米以下丘陵地带的干燥山坡、坡地、林缘灌丛、砍伐后的杂木林间、干草甸和草原等地。因此，可到这些地方去寻找。

图2–1　野生桔梗

为了方便寻找，可在当地桔梗开花后进行寻找，然后做好标记，选择秋后挖取根或是采收种子进行分别处理。注意采挖根时，不要损伤种用根和暴晒。

2. 从种子公司引种

当地野外资源有限，则需从种子公司、种子站或种子专业户处引进种苗或种子。

二、选种

根据全国植物检疫对象和应施检疫的植物、植物产品名单，中药材被明确列入植物检疫对象，因此在引种、种苗调运过程中，应进行必要的检查。对危险性病虫害的种苗，严禁输出或调入，同时采取有效措施消灭或封锁在本地区内，防止扩大蔓延。

1. 种苗的选择

（1）种苗的挑选：选择种苗进行移栽的，在当年秋季至翌年春季萌芽前，选择1年生、无病、没折断根须、15厘米以上无叉的健壮桔梗苗（图2-2），每千克200棵左右，一般亩栽1.5～2.2万株即可。

图2-2　桔梗种苗

（2）种苗的运输：从外地引进种苗，必须做好保湿、保鲜工作，在长途运输中，更要做好护养工作。

桔梗种苗的包装箱有木箱、纸箱、塑料箱和保温、保湿性能好的聚苯乙烯泡沫板箱。特别是聚苯乙烯泡沫板箱，可以保证桔梗种苗的长途运转，安全可靠，较长时间不变质。无论使用何种包装箱，每箱重量以5千克为宜。

（3）防病：种苗运到目的地后，把一切包装物彻底烧毁，避免病原物及害虫、杂草种子传入。

2. 种子的选择

桔梗用种子繁殖，必须用上一年秋季新产的种子。

（1）种子的挑选：2年生桔梗的纯新种子有光泽，用手抓握，有滑腻感，黑而发亮；1年生的“娃娃种子”在外观质量形态上表现一般较差，发芽率极低，出苗率低，出苗后长势不好。因此，2年生的新桔梗种子是生产上主要采用的种子。

（2）购种量：一般情况下，每亩需桔梗种子1.5～2千克。

（3）购种后的保管：购种后到播种前这段时间，要注意保管好桔梗种子。

第二节　种用桔梗的扩繁

扩繁的任务就是要迅速、大量地繁殖出合格的种子，以便扩大再生产。

一、扩繁方式

桔梗的繁殖方法有种苗繁殖、种子繁殖、根或芦头繁殖等，生产中以种子繁殖为主，其他方法很少应用。种子繁殖又分为直播或育苗移栽两种方式。

（一）种苗繁殖

1. 种苗的栽培

（1）作畦：栽培种苗作畦时，畦高15～20厘米，宽120厘米，畦间距30～40厘米，畦长根据灌溉条件和地形而定，要求畦沟底平整，排水畅通；打垄时，小垄宽20～30厘米，大垄宽50～60厘米。

为了防止蛴螬、蝼蛄、地老虎为害桔梗苗，在作畦时，畦面上每平方米撒施50%福美双10克消毒。

（2）选种：购买种苗时，因购买的数量较多，不可能进行株选，所以在种苗栽培时还要实行株选。选择健壮、无病害的植株，作为采种植株，同时要注意根的形状、大小和质量，选出根质量好的用于栽植。

2. 栽培

栽植时，在整好的畦面上，按行距20厘米开深25厘米的沟，然后将桔梗苗成30°斜插沟内（接近于移栽大葱），按株距6～8厘米，覆土压实，覆土应略高于苗头3厘米为度。

（二）种子扩繁

种子繁殖具有简便、经济、繁殖系数大、有利于引种和培育等特点，是桔梗栽培中应用最广泛的一种繁殖方法。由种子萌发生长而成的植株，称实生苗。

为搞好桔梗的扩繁工作，保证有合格、足够的优良种子用于生产，应建立采种田。

采种田定植时，株行距要适当加大，扩大植株营养面积，使其生长茁壮，提高适应当地气候条件的能力。

1. 选地、整地

桔梗忌连作、重茬，因此选地时，要选前茬是甘薯、大豆或花生的地块。

桔梗为深根作物，且需要的田块面积不会太大，因此用于采收种子的桔梗田应选择土层深厚、疏松肥沃、排水良好、有灌溉条件、含腐殖质丰富的沙质壤土或腐殖质壤土为好。但过沙，保水保肥性能差；过黏，通透性能差，且易板结，不利于根部生长，故均不适宜用于桔梗采种用田。

春季整地时，要在早春顶浆翻地，随翻随耙，每亩施圈肥、草木灰、堆肥等混合肥2500～3000千克和过磷酸钙25千克（为减少产品内硝酸盐残留，忌施用硝态氮肥），施后犁耙1次，整平耙细，作畦或打垄，并处理好排水问题。如在秋季整地，应在土壤结冻前进行翻地、施肥，翻地后要整平耙细，供来年播种或移栽用。

若无适宜地块，需在黏性土壤上种植，则必须对土质进行改造。具体方法是在秋末冬初之际，深翻土地30厘米，在翻出的黏土内掺入已过筛的细沙，用量约为黏土量的1/3，然后用牛、马粪作基肥，一层牛马粪一层拌好沙子的土，分次各铺两层，耙平作畦。改良土质是桔梗生长的基础，黏性土壤经改良后，桔梗可正常生长。

2. 种子播种

（1）种子准备：用于采种的桔梗种子准备量一般为每亩1.5～2千克。

（2）发芽试验：桔梗种子种植前最好进行发芽试验（图2–3），保证种子发芽率在70%以上。发芽试验的具体方法是取少量种子，用40～50℃的温水浸泡8～12小时，将种子捞出，沥干水分，置于布上，拌上湿沙，在25℃左右的温度下催芽，注意及时翻动喷水，4～6天即可发芽。

图2-3　桔梗种子的发芽试验

（3）浸种催芽：因购买的种子数量有限和用于种子扩繁的栽种面积较小，为节约种子及使出苗整齐，幼苗生长健壮，可用温汤浸种催芽处理。

催芽处理时，将种子放在50～60℃温水中搅拌至水凉后，再浸8小时捞出，种子用湿布包上，放置于25～30℃的地方，上面用湿布盖好，每天早晚用30℃左右的温水浇1次，4～5天种子萌动即可播种。播种前亦可将种子用0.3%～0.5%高锰酸钾溶液浸24小时，取出冲洗去药液，晾干播种，以提高发芽率。桔梗种子用100毫克/千克的赤霉素浸种24小时，有促进萌发的作用。

（4）播种：用于采种的桔梗要采用春播。

①播种时间：北方春季播种应在4月上旬到5月中旬，即在地温达到15℃以上时播种；南方根据地温即可播种。

②播种方法：用于种子生产时多采用条播，条播易于管理和采种。

条播时，按行距20～25厘米开浅沟，沟深2～3厘米，将种子均匀播于沟内；也可将种子按1∶（4～6）拌入细沙后均匀撒入沟内（可节省种子用量，且易播撒均匀）。播后覆细土盖平，稍加镇压。

③覆盖：桔梗播种较浅，为防止雨水冲刷和干旱，有条件的可在播种后覆盖一层覆盖物，如四川产区常盖一层草木灰。干旱地区播种后要浇水保湿，可在畦面盖稻草、草帘等保温保湿，厚度以刚好覆盖土壤为宜，以保持土壤湿度（同样播种的桔梗要比无覆盖物的出苗率高20%）。

（5）苗期管理：苗期管理极为重要，关系到苗株的健壮。管理的关键是要满足幼苗对光、温、水、肥的需要。

①撤掉覆盖物：当有80%的种子出苗以后，覆盖稻草、草帘的，要把覆盖物撤掉，防止覆盖物压苗，撤掉的覆盖物要抱出地外。撤掉覆盖物时，要在下午4时后进行，避免幼苗经不住日晒而大量死亡。

②间苗、定苗、补苗：桔梗幼苗出土后，待苗高3～5厘米时，选择阴天间苗1～2次，同时对缺苗的地方进行补苗；苗高10～12厘米时，及时定苗，每6～8厘米留下壮苗1株，把小苗、弱苗、病苗拔除。

③水肥管理：桔梗幼苗弱，生长缓慢，要勤浇水追肥，做到小水勤浇，小肥勤施；施肥以腐熟的有机肥为主，可少量追施复合肥，以促进根的生长。

④病虫害防治：桔梗苗期病虫害以预防为主。

（三）桔梗芦头扩繁

芦头繁殖是分离繁殖的一种，通过将桔梗的芦头切割而培育成独立新个体的一种繁殖方法。

1. 芦头繁殖时期

桔梗芦头的分离繁殖时期，一般南方春、秋均可进行，而北方宜在春季进行。春季在发芽前进行，秋季在落叶后进行，具体时间依各地气候条件而定。

2. 芦头繁殖方法

秋季在收获桔梗时，选择个体发育良好、无病虫害的植株，从芦头以下1厘米切下，然后用草木灰拌一下，促进伤口愈合，减少腐烂。为提高成活率，要及时栽种。

选择土壤肥沃、阳光充足、排水良好的沙壤土，先深翻30～40厘米，将土壤耙细整平，以15厘米开厢，要求畦高20～25厘米以利排水。在畦面上以20～25厘米开横沟，沟深10厘米左右，以株距10厘米放置芦头一个，每沟施人畜粪水2～3千克，覆土以盖没芦头为度，不宜盖得太厚。最后，在种沟内撒一层腐熟的圈肥，每亩800千克左右。

3. 芦头繁殖栽种后的管理

栽后踩实，若土壤干燥要及时浇透水，保持土壤适当湿润。对秋季移栽种植的种类，浇水不要过多，来年春季增加浇水次数，并追施稀薄液肥。第二年开春出土，每株生出2～3个芽后，选留健壮芽，其余芽除去。

（四）扦插扩繁

扦插繁殖是利用植物营养器官的均衡作用，自母体割取任何一部分（如根、茎、叶等），在适当条件下插入基质中，利用其分生或再生能力，产生新的根、茎，成为独立新植物的一种繁殖方式。有学者对桔梗进行了扦插繁殖方法的研究，达到了64%的成活率。

1. 扦插繁殖时期

桔梗为草本植物，适应性较强，扦插时间要求不严，除严寒或酷暑外，其他季节均可进行，但春季扦插成活率高。

2. 扦插繁殖方法

扦插繁殖时，取茎的中下部或茎基部，约10厘米长，去掉下半部叶，经激素NAA（萘乙酸）　100毫克/升浸泡处理3小时，进行扦插。

土壤质地直接影响到扦插繁殖的生根成活。重黏土易积水、通气不良；而沙土孔隙大、通气良好，但保水力差，都不利于扦插。扦插地宜选择结构疏松、通气良好、能保持土壤水分的沙质壤土。生产上采用蛭石、砻糠灰、泥炭等作扦插基质，就是为了既通气又保湿。

3. 扦插后的管理

扦插后，插条要及时浇水或灌水，经常保持湿润。嫩枝扦插还应遮荫，在未生根之前，如果地上部已展叶，则应摘除部分叶片。当新苗长到15厘米时，应选留一个健壮直立的芽，其余的芽除去。用塑料小棚增温保湿时，插条生根展叶后拆除塑料棚，以便适应环境。

4. 影响扦插繁殖成活率的因素

（1）内在因素：扦插繁殖时，注意茎梢部的成活率很低，一般不易成活（可能是因组织太幼嫩，插后容易失水，引起插条萎蔫，逐渐枯萎）。

（2）外界因素：研究发现，畦土湿度过大会引起插条变黑腐烂。

①温度：春季扦插时，气温比地温上升快。气温高，枝条易于发芽；但地温低不利于发根，往往造成枝条死亡。所以，扦插时如能提高地温，则有利于插条生根成活。一般白天气温达21～25℃，夜温为15℃，土温为15～20℃或略高于平均气温3～5℃时，就可以满足生根需要。

②水分：扦插后，插条需保持适当的湿度。要注意灌水，使土壤水分含量不低于田间持水量的60%～70%，大气湿度以80%～90%为宜，以避免插条水分散失过多而枯萎。目前有些条件好的地区采用露地喷雾扦插，增加空气湿度，大大提高了扦

插成活率。

③氧气：氧气对扦插生根也很重要。如果扦插基质通气不良，插条会因缺氧而影响生根。

④光照：光照可提高土壤温度，促进插条生根。带叶的绿枝扦插，光照有利于叶进行光合作用制造养分，在此过程中所产生的生长激素有助于生根。但是，强烈的光照直射会灼伤幼嫩枝条。因此，扦插后需要进行适当的遮荫。

二、扩繁栽培后的管理

无论采取何种繁殖方式，种子出土或种苗成活后都进入到田间管理阶段。

1. 苗期中耕除草

无论采用何种繁殖方式，桔梗前期生长均较缓慢，对萌生的杂草，要及时拔除。一般进行3次，第1次在苗高7～10厘米时进行（苗小时可用手拔除杂草以免伤苗），30天之后进行第2次，再过30天进行第3次，力争做到见草就除。中耕应在土壤干湿度适中时进行，松土宜浅，以免伤其根部，植株长大封垄后，即可不再进行中耕除草。

2. 追肥

7月上旬，光照强，雨水充足，桔梗生长加快，要进行追肥。追肥尽量用硫酸铵（硫酸铵不容易烧苗，而且对根的生长有利）。每亩地追施10千克即可，没有浇水条件的可在雨后追肥，这样就不用浇水了；有浇水条件的要在追完肥后浇透水，防止烧苗。土壤肥沃的追一次即可，土壤瘠薄的要连追2次，到了8月份就不要再追肥了，否则肥过多，越冬芽长的不饱满，影响下年生长。

3. 做好排水工作

在高温多湿的雨季，要及时清沟，排除积水，减少土壤湿度。

4. 第二年的管理

（1）防除杂草：开春在苗没有出土之前，如果地里有多年生的杂草，要人工除掉。

（2）合理追肥：苗高6～7厘米时及开花前，每亩施尿素15千克、过磷酸钙30千克，为后期生长提供充足营养，以促进植株生长和开花结实。

（3）打顶、抹芽和摘蕾

①打顶：对2年生留种植株，应在苗高15～20厘米时进行打顶，以增加果实的种子数和种子饱满度，提高种子产量。

②抹芽：2年生桔梗易发生多头生长现象，造成根叉多，影响产量和质量，故应在春季桔梗萌发后将多余枝芽抹去，每棵留主芽1～2个。

③摘蕾：为了获得大而饱满的种子，保留顶端花或花蕾，也可在开花结果时，将小侧枝的花、蕾予以摘除，集中营养物质促成中部果实成熟。

④注意事项：打顶、抹芽和摘蕾都要注意保护植株，不能损伤茎叶，牵动根部；要选晴天上午9时以后进行，不宜在有露水时进行，以免引起伤口腐烂，感染病害，影响植株生长。

（4）病虫害防治：及时防治桔梗病虫害。

三、种子采收与贮藏

桔梗先从上部抽薹开花，果实也由上部先成熟，种子成熟很不一致，可以分批采收。

1. 种子采收

10月当果实外皮变黄、种子变棕褐色时，可以采收。也可以在果枝枯萎，大部分种子成熟时，连果梗、枝梗一起割下，置于通风干燥的室内后熟4～5天，然后晒干脱粒，除去瘪籽、杂质和果壳（图2–4）贮藏。若过晚采收，果裂种散，难以收集。

一般每亩可收干种子8～15千克。

图2–4 采收的桔梗种子

2. 种子分级

桔梗种子的分级采用种子的千粒重（克）、种子的净度（%）、种子的发芽率（%）和质量要求等标准来衡量。

一级：千粒重≥15克，净度≥95%，发芽率≥80%，质量要求无虫蛀、无碎粒。

二级：千粒重≥12.5克，净度≥95%，发芽率≥80%，质量要求无虫蛀、无碎粒。

三级：千粒重≥10克，净度≥95%，发芽率≥80%，质量要求无虫蛀、无碎粒。

混等级：千粒重10～15克，净度≥95%，发芽率≥80%，质量要求无虫蛀、无碎粒。

3. 种子的贮藏

（1）种子处理：采收后的种子若进行贮藏，可每100千克种子拌生石灰粉1千克，进行杀菌、灭虫后，装入布袋中保管；或高离地面挂起，贮藏在干燥、通风、避光仓库中。

（2）注意事项

①种子不能装入塑料袋里，不能受潮，切勿与油、化学物品等接触，以免影响种子发芽率。

②种子不能和化肥一起存放：化肥一般指氮素肥料，如碳酸氢铵、尿素等。这类肥料在存放过程中，容易受潮分解释放出氨气，氨气先吸附在种子表层，以后逐渐渗透到细胞里面，损害种胚，严重地影响种子的生活力，使种子发芽率降低。当氨气浓度较高时，在很短时期内，种子就变成灰暗色而完全死亡。

第三章　桔梗的商品化生产与管理

桔梗引种后经过2年的培育，采收的种子数量足以满足大田商品生产后，即可进行桔梗的商品化生产与管理。目前生产上，桔梗栽培主要是露地栽培和地膜覆盖栽培。

第一节　栽植地选择与茬口安排

1. 商品桔梗栽植地选择

（1）环境选择：露地栽植桔梗选地非常重要，应选择土壤、水质、大气环境符合无公害生产标准，远离重要公路500米，最好是没种过桔梗的地块种植。种植地的土壤应卫生、无病虫寄生和有害物质，尤其硝态氮、汞、镉、铅、砷、硌、六六六、滴滴涕的含量要符合农业部无公害农产品产地环境质量的要求。

（2）地块选择：桔梗为直根系深根性植物，虽然对土质要求不严，但在富含磷钾的中性类沙土壤里生长较好。故应选择地势高燥，土层深厚、肥沃、疏松，地下水位低、排水方便，富含腐殖质的泥沙土或夹沙土的向阳坡地、平地，低洼盐碱地以及涝洼地、黏土、积水湿地不宜种植（因为泥沙土或夹沙土地杂草少，除草省工，并且桔梗根长的直并且颜色洁白，采收时也非常省工省力。低洼地杂草多，除草费工不说，雨季容易烂根，产量低，品质差，并且采收根时特别费工）。

土壤的酸碱度以中性或微酸性为好，土壤以pH值6.5～7

为宜。

2. 轮作倒茬

桔梗忌连作、重茬。因为桔梗怕连作，连作后病虫害增多，土质下降，导致产质下滑。合理地轮作倒茬，不仅可以培肥地力，减少病虫危害，而且可以提高桔梗的产量。种植桔梗可与其他作物2～3年轮作1次，前茬作物以大豆、甘薯或花生等作物为宜。

3. 间作

间作是指在同一田地上于同一生长期内，分行或分带相间种植两种以上植物的种植方式。由于桔梗喜光、喜温和湿润凉爽气候。苗期怕强光直晒，可选择高秆作物进行间作。成株喜阳光，在光照不足情况下，植株生长细弱，发育不良，容易徒长和倒伏，因此，成株间作时，可选择低秆（杆）作物。如桔梗与玉米间作、桔梗与白芍间作、桔梗与林果树间作等。一般只要间作合理，不但不会影响产量，而且可以提高产量和品质。

第二节　商品桔梗的露地栽培

桔梗露地栽培（图3–1）就是不需要其他栽培设施，根据桔梗在自然状态下的生活习性，利用自然气候、土地、肥力等条件，人工管理的栽培方式。露地栽培生产成本低，是桔梗生产中栽培最多的形式。

一、整地、施肥、作畦

根据种植的形式和种植的时间，提前做好种植前的一切准备工作。

图3-1　桔梗露地栽培

1. 合理深耕

确定种植桔梗的大田，冬前就应耕翻。冬前来不及翻耕，春耕应在春分前最迟不能晚于“清明”，以利耕后保墒和熟化土壤，然后精细耙整。每亩施圈肥、草木灰、堆肥等混合肥2500～3000千克和过磷酸钙25千克（为减少产品内硝酸盐残留，忌施用硝态氮肥），施后犁耙1次，整平耙细，作畦或打垄。

2. 作畦或打垄

整地时，地要整平耙细，作畦或打垄（图3-2）栽培。

图3-2　作畦或打垄

商品桔梗露地栽培作畦时，同样可采用畦高15～20厘米，宽120厘米，畦间距30～40厘米，畦长根据灌溉条件和地形而定，要求畦沟底平整，排水畅通；打垄时，小垄宽20～30厘米，大垄宽50～60厘米。

为了防止蛴螬、蝼蛄、地老虎为害种子和桔梗苗，在作畦时，床面上同样用每平方米撒施50%福美双10克消毒。

二、种植方式

商品桔梗播种分为直播和育苗移栽两种方法，以直播为好。直播主根挺直粗壮，分叉少，便于刮皮加工，质量好。近几年也出现了不少育苗移栽方式。

（一）种子直播

直播是种子播种后不再移栽，一直生长到收获。

桔梗直播又分春播、夏播和秋播三种，但以秋播为好。秋播当年出苗，生长期长，根粗和产量明显高于次年春播苗。但北方以春播为宜，播期在4月上旬至4月下旬，夏季应在7月下旬之前播种，秋播以10月下旬至11月上旬为宜。

1. 种子处理

根据种植桔梗户的经验和北方多春旱的情况，如果没有浇水条件，北方商品化种植桔梗时，最好在雨后及时抢种（有浇水条件可播前把地浇透）。

在这里有必要重点提醒北方商品化露地种植桔梗朋友的是，没有浇水条件时，不要对种子进行浸种和催芽。因为，如果土壤湿度合适，一般问题不大，如果干旱，一旦浸种和催芽了，种子撒到地里遇到干旱不下雨，种子就不能出苗了。

南方种植桔梗和有浇水条件的朋友可以直接播种，也可播前浸种、催芽（浸种、催芽见本书第二章种子扩繁部分）。

2. 科学播种

桔梗播种可春播、秋播或冬播，以秋播为好。秋播当年出苗，生长期长，产量和质量高于春播。

种子直播有条播和撒播两种方式，生产上采用条播者较多。条播省工速度快，除草好除，但种子容易赶堆，苗容易集中在一条沟里，长不开；撒播费工但效果好些。条播每亩用种1.5～2千克千克，撒播用种2.5～3.5千克。

（1）播种方法：在生产中多采用条播法，由三个人共同完成。

撒种之前，将种子按1∶（4～6）拌入细沙（可节省种子用量，且容易播撒均匀）。

条播时，一个人在整好的畦面上按行距20～25厘米开播种沟，沟宽2～4厘米，沟深1～2厘米，沟距6～8厘米即可，沟底整平；一个人将拌好细沙的种子均匀撒于沟内；一个人用木板钉做的平耙覆土，覆土厚度一般应掌握在0.5厘米左右，不能超过1厘米，覆土后稍加镇压。

（2）覆盖或镇压：有条件的，可在播后覆盖一层覆盖物，如稻草、草帘等，厚度以刚好覆盖土壤为宜，以保持土壤湿度。没有覆盖条件的，可进行镇压，镇压有压实土壤、压碎土块和平整地面的作用。镇压工具有石砘子、木滚和各种类型的镇压器，可根据具体要求选择使用。

（二）育苗移栽

育苗移栽实际是经过了育苗和移栽两个过程，是经济利用土地，培育壮苗，延长生育期，提高种植成活率，加速生长，达到优质高产的一项有效措施。

1. 育苗圃地选择

育苗圃地要适中或靠近种植地，且排灌方便、避风向阳、土壤疏松肥沃，使用前30天让茬的非桔梗地。

2. 苗床制作

育苗时，以苗床面积与大田面积1∶6的标准准备苗床。苗床土用大田土70%，腐熟有机肥30%，另外每立方苗床土加5千克饼肥、1千克尿素配匀。做成宽1.2～1.3米，床土厚10厘米的苗床。床面上每平方米撒施50%福美双10克。

3. 发芽试验

用于育苗的种子最好也做发芽试验，发芽试验方法见本书第二章的种子扩繁部分。

4. 浸种催芽

育苗圃用种子，可用温汤浸种催芽处理，温汤浸种催芽见本书第二章的种子扩繁部分。

5. 播种

育苗移栽多在春季采用撒播方式进行育苗。

（1）播种时间：北方春季播种应在4月上旬至5月中旬，即在地温达到15℃以上时播种；南方根据地温即可播种。如果采用加盖小拱棚等措施，可提前10～15天。

（2）播种方法：播种时，将种子均匀地撒播在苗床上，覆1厘米厚营养土，轻压，浇透水。播后覆盖一层稻草、草帘等。

6. 苗期管理

（1）撤掉覆盖物：播种后15天左右即可出苗（图3-3），80%出苗后要将覆盖的稻草或麦草除去。撤掉覆盖物，同样要在下午4时后进行，避免幼苗经不住日晒而大量死亡。

图3-3　出土的桔梗苗

（2）水分管理：要始终保持苗床干湿交替，干时要及时浇水，浇则浇透。

（3）水肥管理：桔梗幼苗弱，生长缓慢，要勤浇水追肥，做到小水勤浇，小肥勤施，施肥以腐熟的有机肥为主，可少量追施复合肥，以促进根的生长。

（4）间苗除草：苗高10厘米时，间苗定苗，间去弱苗、病苗和杂草，保持行株1厘米×1厘米。

（5）病虫害防治：桔梗苗期病虫害较轻，以预防为主。

7. 适时移栽定植

由于育苗地的幼苗密度大，根细长，为高产优质打下基础，因此，培育一年的桔梗苗，根上端粗0.3～0.5厘米、长20～35厘米时，要适时出圃移栽。

（1）定植时间：育苗畦内的桔梗移栽分秋栽、春栽和夏栽三种。秋栽在地上部分枯萎后，即10月中、下旬至地冻前进行。春栽一般在每年3月中旬至4月下旬栽种。夏栽（图3–4）一般在6～8月份。

图3–4　夏栽苗

（2）定植地准备：种植桔梗地块要深耕（30厘米），保持土壤疏松平整。基肥结合耕地施下，先施有机肥，最后施化肥。一般每亩施腐熟有机肥4000～5000千克（或饼肥150千克），三元复合肥15～20千克。

（3）根苗准备：按大、中、小分成三级，分开栽种。符合商品标准，可以直接以商品桔梗出售，同时把病变、根叉分枝多的根苗除去。每亩准备3.2万～3.6万株左右（比采种田密）。

（4）定植方法：一般按3～4厘米株距定植，将大小基本一致根苗顺排以30°斜栽在沟内定植，根要捋直、舒展，然后覆土，深度要超过芦头1～2厘米，浇透一遍定植水。

三、田间管理

桔梗宿根质量的好坏，直接影响其药用及食用价值和经济效益，宿根直、肥大、色白、分叉少、产量和商品率高，效益就好。科学的田间管理，是影响宿根生长好坏的关键，因此，桔梗优质高产栽培要抓好田间管理措施。

1. 间苗、定苗、补苗

间苗是田间管理中一项调控植物密度的技术措施。对于用种子直播繁殖的桔梗，在生产上为了防止缺苗和便于选留壮苗，其播种量一般大于所需苗数。播种出苗后需及时间苗，除去过密、瘦弱和有病虫的幼苗，选留生长健壮的苗株。间苗宜早不宜迟。过迟间苗，幼苗生长过密会引起光照和养分不足，通风不良，造成植株细弱，易遭病虫害。同时，由于苗大根深，间苗困难，且易伤害附近植株。大田直播间苗一般进行2～3次，最后一次间苗称为定苗。

在桔梗苗长至5～7厘米时，选择土壤较湿时进行间苗、定苗，以苗距10厘米左右留壮苗1株，拔除小苗、弱苗、病苗（间苗时防止带出壮苗或带土漏风，影响幼苗生长），使苗不拥挤即可。大田补苗（缺苗断垄者进行补苗）与间苗同时，即从间苗中选生长健壮的幼苗稍带土进行补栽。

2. 中耕除草与培土

杂草一般出苗早，生长速度快，但同时也是病虫滋生和蔓延的场所，对桔梗生长极为不利，必须及时清除。清除杂草方法有人工除草、机械除草和化学除草。化学除草可以代替人工和机械除草，它不仅可以节省劳力，降低成本，提高生产率。但是，现代规范化栽培不提倡使用除草剂。

目前，桔梗生产中一般是人工除草为主。除草要与中耕结合起来，中耕除草一般是在桔梗封行前选晴天土壤湿度不大时进行。中耕深度一般是4～6厘米。中耕次数应根据当地气候、土壤和植物生长情况而定。一般第一次在幼苗间苗、定苗后，由于根浅芽嫩，除草时只能用手拔草；第二次在立夏前后，苗有2～4片叶子时进行；第三次在夏至前后，苗生长4～6片叶子时，可在行距间锄草，株距间只能用手拔草；第四次在7月下旬，苗有8～10片叶子时进行；秋季杂草种子成熟前除一次草。

天气干旱，土壤黏重，应多中耕。雨后或灌水后，应及时中耕，避免土壤板结。

中耕除草还需进行培土。培土有保护桔梗越冬、提高产量和质量、保护芽头、多结花蕾、防止倒伏、避免根部外露以及减少土壤水分蒸发等作用。

3. 肥水调控

桔梗生长周期短，长势旺盛，对肥水需求量大。在一年的生长周期中，根据植株生长速度，按“前少后多”的原则多次施肥。施用肥料的种类要求以稀薄人畜粪、厩肥、草木灰、饼肥、堆肥等有机肥为主，可配施少量的过磷酸钙。追肥可结合中耕除草同时进行。

定苗后，应及时追施1次稀的人畜粪水；在苗高约15厘米时，再施1次，或每亩追施过磷酸钙20千克、硫酸铵12千克，在行间开沟施入，施后松土，天旱时浇水；6～7月开花时，为使植株充分生长，可亩施1000～1200千克人畜粪水1次；9月上旬看苗情补施肥料。入冬地上植株枯萎后，可结合清沟培土，加施草木灰或土杂肥。

第二年开春齐苗后，施1次稀的人畜粪水，以加速植株返青生长；6～7月开花前，再追施1次，或施尿素10千克、过磷酸钙25千克，进一步促进茎叶生长，开花结籽，并为后期的根生长提供足够的养料。

4. 灌溉与排水

（1）灌溉：桔梗是耐旱植物，一般不需要灌溉。但在严重干旱的情况下，有灌溉条件时也可进行灌溉。灌溉的方法很多，常用的是沟灌和浇灌。沟灌节省劳力，床面不会板结；浇灌能省水，灌溉均匀。

（2）排水：桔梗怕涝，在进入7～9月份雨季时，要注意田间排水，减少土壤水分，降低地下水位，挖排水沟排水，做到田间无积水，防止烂根。

5. 摘蕾、防倒伏

桔梗开花时消耗大量养料，因此除留种田外，商品地块要进行人工摘除或化学防控花蕾。但桔梗花期长达3个月，而且有较强的顶端优势，摘除花蕾以后，便迅速萌发侧枝，形成新的花蕾，这样必须每15天进行1次摘蕾，整个花期需摘5～6次，很费工，且易损伤枝叶。可以利用0.075%～0.1%的植物激素乙烯利，在盛花期喷洒花蕾，以花朵沾满药液为度，每亩用药液75～100千克，可以达到除花蕾效果。此法效率高，成本低，使用安全，宜推广应用，但没有单独选择留种田或想多采收种子时，不要应用化学防控。

2年生桔梗植株高达60～90厘米，一般在开花前易倒伏，可在入冬前，结合施肥，做好培土工作（为了防治病虫害，可割除第1年的地上部分）；翌年春季不宜多施氮肥，以控制茎秆生长；在4月或5月喷施矮壮素、多效唑、缩节胺等，可使植株增粗，减少倒伏。

6. 岔根防治

商品桔梗以顺直的长条形、坚实、少岔根的为佳。栽培的桔梗常有许多合根，有二叉的也有三叉的，有的主根粗短不到3厘米，侧根、支根三四条，大大影响质量，降低商品价格。

实践证明，栽培的桔梗只要做到一株一苗，则无（或少）岔根、支根。因此，应随时剔除多余苗头，尤其是第2年春返青时最易出现多苗，此时要特别注意，把多余的苗头除掉，保持一株一苗。同时多施磷肥，少施氮钾肥，防止地上部分徒长，必要时打顶，减少养分消耗，促使根部的正常生长。

7. 病虫防治

根据桔梗的病害和虫害症状，进行相应地防治，防治方法见本书第四章相关部分。

8. 留种田的管理

当年播种的桔梗开花较少，所结种子瘦小而瘪，称为“娃娃种”，其发芽率为15%～20%，质量差，活力低，长出的幼苗细弱，不宜使用。因此，栽培桔梗要采收2年以上植株所产的种子用于繁殖。用于留种的地块，可在6～7月剪去小侧枝和顶端部的花序，促使果实成熟，使种子饱满，提高种子质量（注意不要使用化学调控方法）。

种子的采用见本书第二章相关部分。

四、采收

1. 采收时期

种植桔梗因地区、播期及用途不同，收获年限也不同。用于食品加工，生长1～2年，达到出口标准，一年四季均可采收，3年以上的粗纤维含量增加，口感变差；如为药用，则可生长2年以上。

药用桔梗采收时，需在秋季地上茎叶枯萎后至次年春桔梗萌芽前进行，以秋季采者体重质实，质量较好（气温降到10℃以下后，桔梗停止生长，营养向地下根部回流）。过早采挖，根不充实，折干率低，影响产量和品质；过迟收获，不易去皮。

在这里需要提醒的是，无论是药用还是菜用桔梗，为防止产品中农药残留超标，收获前1个月内，应禁止使用各种农药。

2. 采收

（1）采收方法：采收时，先将茎叶割去，从地的一端起挖，依次深挖取出；或用犁翻起，将根拾出，去净泥土，运回加工。要防止伤根，以免汁液外流，更不要挖断主根，影响桔梗的等级和品质。一般亩产鲜桔梗500～600千克，折干率30%，即每亩可收干品150～180千克。

（2）采收注意事项

①采收应按照桔梗根的采收时间，使用适宜的采收工具，按规定的采收方法进行采收。桔梗根采收时，应尽量除去非桔梗根的部分，避免混入其他植物的根或植物体部分以及其他杂质。保持采收桔梗根的完整性，避免受伤，并立即将其运输到粗加工场地。在运输过程中，应该避免受到日光的暴晒和雨淋。

②桔梗根的采收应该在适宜的环境条件下进行，应该避免在各种影响桔梗根品质的环境条件下采收，如下雨、大风等。

③使用不会污染桔梗根的洁净的采收和运输工具及存放用具（麻袋、手推车）。在桔梗根的采收过程中，应该一边采收一边将其装入纤维袋（图3–5）或手推车当中，尽量避免桔梗根与不良条件的接触。运输工具和包装场内应该保持桔梗根放置松紧适宜，不得被挤压。采收使用后的各种工具和运输机械应该立即清理干净，保持不受污染。

图3–5　装袋的桔梗

第三节　商品桔梗的地膜栽培

地膜覆盖栽培技术，作为一项有效的增产措施，已广泛应用于农业生产的各个领域。目前，黑色地膜覆盖技术已应用于桔梗移植栽培。

黑色地膜的可见光透过率为5%以下，符合桔梗的生长发育，采用黑色地膜栽培，出苗早，有利于保苗，生长速度快，延长生长期，覆盖后灭草率可达100%，其保湿、护根效果稳定可靠，可提高产量和产品品质。

1. 育苗

育苗方法同本章育苗移栽部分。

2. 覆膜地的选择

桔梗覆盖地膜栽培的大田应选择中等以上肥力，土层较深厚的土壤或轻沙土壤为宜，且排灌条件较好的生茬地或轮作换茬地。

3. 移栽期

春桔梗覆膜栽培一般应比露地栽培提前10～15天。北方桔梗产区播前5日内5厘米日平均地温达12.5℃时，为覆膜播种适期；南方桔梗产区5日内5厘米平均地温达13℃时，为覆膜播种适期。

4. 整地、施肥

（1）整地：确定采取地膜覆盖栽培桔梗的大田，同样冬前就应翻耕。冬前来不及翻耕，春耕应在春分前最迟不能晚于“清明”，以利耕后保墒和熟化土壤。其他整地方法同春播桔梗不覆膜栽培。

（2）施足底肥：由于覆膜桔梗生育期内不便追施肥料，因此要求施足底肥。每亩要求施入2500千克土杂肥或圈肥、25千克磷酸二铵。

5. 地膜选择

（1）宽度：桔梗栽培，膜宽以1米或1.2米的黑地膜为宜，或根据当地的黑地膜宽度选择畦面宽度。

（2）厚度：0.006～0.008毫米厚度的薄膜均可。

（3）断裂伸长率：纵横均应大于或等于100%，确保覆盖期间不碎裂。

（4）展铺性良好：不黏卷，膜与畦面贴实无褶皱。

6. 播种方法

覆膜分先播种后覆膜和先覆膜后播种两种方法，移栽桔梗需采用覆膜后移栽方法。

（1）播种方式：早春墒情好，先起垄作畦，到了适宜播种期再打孔移栽覆土。移栽时对土壤墒情不足的，先打孔浇水补墒再移栽覆土。

（2）移栽密度：每垄移栽3行桔梗，行距15～18厘米，株距5～7厘米，每穴1根移植苗。

（3）作畦：播前4～6天按地膜宽度起畦，要求做到畦面平整，无杂草根和粗大土块等可能刺破地膜的杂物。标准要求是底墒足，起畦高，畦底宽，畦坡陡，畦面平。畦的一般规格为畦面80～85厘米，畦高10～12厘米，沟宽30厘米，畦面按地膜宽度至少每面留有10～15厘米的边以便压土。

（4）盖膜：机械盖膜用人工较少；人工盖膜时，先用锄头把畦面两侧斜面距沟底2/3处的泥土拉到畦沟，深度与沟底一致。然后三人一组进行盖膜，即一人顺畦在前面铺膜，另两人站在畦两侧的沟中，一边用脚轻轻踩膜，将地膜垂直踩下，拉紧拉平，使膜紧贴畦面；一边用锄头把沟里的土培起压在膜两侧，压紧压密，恢复原来畦的形状。每隔0.5～1米用一小土堆于畦面，以防风保膜。铺膜与压膜应相互配合操作，边铺膜，边压膜，边移动。操作时应细心，避免拉破踩破薄膜。铺膜时，应避开大风时间，并应顺风铺膜。

（5）打孔：盖好膜后要进行打孔，打孔后将湿土封严，以防跑墒。

打孔时用事先制好的打孔器（孔直径为2厘米，深度20厘米），在膜面上按密度所要求的穴距打孔，孔中心距垄边10厘米，穴行要直，穴距要匀。逐孔放入准备好的移栽苗，放苗时要将主根垂直栽入孔内。覆土时先用一定湿度的土填满播种孔，用手轻轻按压后，在膜孔上方再盖厚2～3厘米的土堆，以利遮光引苗出土。

7. 播后管理

（1）护膜：播种后要经常查田护膜，发现刮风揭膜或地膜破口透风，要及时盖严压牢，确保增温保墒效果。

（2）叶面喷肥：选择无风无雨、无露水、无大雾的早晨，喷施叶面肥。在5～8月，应每隔15～20天喷一次叶面肥，在收获前的一个月内停止喷肥。

（3）浇水追肥：在桔梗的开花期，如天不下雨，土壤耕层50厘米含水量低于10%时，应亩追尿素7～10千克，并进行浇水，浇水时应顺畦沟缓慢浸润，浇匀，浇透，避免大水漫灌。有条件的可以进行喷灌、滴灌。

多雨季节一定要注意田间排水，减少土壤水分，降低地下水位，做到田间无积水，防止烂根。

（4）除草：垄沟遇雨容易板结，杂草滋生，应及时顺垄沟浅锄，破除板结，人工清除杂草。

（5）其他管理：同商品桔梗的露地栽培。

8. 收获

（1）适时收获：桔梗通过覆膜栽培，成熟期可比露地种植提前7～10天，因此，要选择晴天提前收获。

（2）消除农田残膜：残膜在土壤中很难分解，会影响后茬作物生长发育，造成减产。因此，在桔梗收获时，注意拣净地里的残膜。

9. 地膜覆盖栽培应注意的问题

目前桔梗地膜覆盖栽培主要存在以下问题。

（1）选择地膜不当：目前生产地膜的厂家很多，有些地膜由于原材料和生产技术的原因，存在厚度不匀、横向耐拉力不够等问题，有的人购买地膜时不加选择，覆膜后很快出现纵向破裂现象，失去了覆膜应有的作用。为此，购买地膜时应严格选择。

（2）地膜过分拉伸：有的人为节省地膜，覆膜时纵向拉伸过大，很易造成地膜破裂。

（3）不拣拾残膜：地膜很难自然分解。为避免污染，覆膜桔梗收获时，应先将压在畦两边的地膜揭出来，桔梗收获后再用二齿钩顺畦把压在土里的残膜搂出来（目前，已有拾膜机问世，有条件的可以采用拾膜机），然后再结合耕耙拣拾残膜，残膜的回收率可高达98%以上。

第四节　桔梗间作技术

一、桔梗与玉米间作

1. 间作形式

77厘米为一个种植带，每带内种桔梗3行、玉米1行。桔梗行距20厘米，株距10厘米；玉米株距50厘米，一穴双株。

2. 技术要点

（1）间作地选择：选择地势高燥，土层深厚、肥沃、疏松，地下水位低、排水方便，富含腐殖质的泥沙土或夹沙土的坡地、平地，低洼盐碱地以及涝洼地、黏土、积水湿地不宜种植。

（2）整地、施肥：所选地块要耕翻25厘米左右，翻后晒垡15天以上。播种前结合耕地，亩施腐熟农家肥2000～2500千克，熟饼肥75～100千克，复合肥20千克，充分拌匀，浇足底墒水，为播种桔梗做好准备。

（3）选用优种：选择2年生以上非陈年的桔梗种子，亩用种量1～1.5千克。催芽处理时，将种子放在50℃温水中搅拌至水凉后，再浸8小时捞出，种子用湿布包上，放置于25～30℃的地方，上面用湿麻袋片盖好，每天早晚用温水浇1次，4～5天种子萌动即可播种。

玉米选用晋单36、农大108、掖单13、中单2号等品种。

（4）适期播种：桔梗宜在4月上旬至4月下旬播种，玉米应推迟20天左右。这样就使两种作物生长旺盛期错开，减少共生期的争水争肥矛盾。

（5）中耕、除草：由于桔梗前期生长缓慢，易滋生杂草，故应及时除草。

中耕应在土壤干湿度适中时进行，植株长大封垄后，即可不再进行中耕除草。

（6）追肥：定苗后，应及时追施1次稀的人畜粪水；在苗高约15厘米时，再施1次，或每亩追施过磷酸钙20千克、硫酸铵12千克，在行间开沟施入，施后松土，天旱时浇水；6～7月开花时，为使植株充分生长，可亩施1000～1200千克人畜粪水1次；9月上旬看苗情补施肥料。入冬地上植株枯萎后，可结合清沟培土，加施草木灰或土杂肥。

第二年开春齐苗后，施1次稀的人畜粪水，以加速植株返青生长；6～7月开花前，再追施1次，或施尿素10千克、过磷酸钙25千克，进一步促进茎叶生长，开花结籽，并为后期的根生长提供足够的养料。

（7）排水：进入7～9月份雨季时，要注意田间排水，减少土壤水分，降低地下水位，挖排水沟排水，做到田间无积水，防止烂根。

（8）抹芽、打顶：对2年生留种植株，应在苗高15～20厘米时进行打顶，以增加果实的种子数和种子饱满度，提高种子产量。

（9）疏花疏果与防倒伏：桔梗一般第二年开花，开花时消耗大量养料，因此除留种田外，商品地块要进行人工摘除或化学防控花蕾。在4月或5月喷施矮壮素、多效唑、缩节胺等，可使植株增粗，减少倒伏。

（10）病虫害的防治：及时防治病虫害。

（11）收获：一般当年或第2年采收。药用桔梗采收时，需在秋季地上茎叶枯萎后至次年春桔梗萌芽前进行。

二、桔梗与白芍间作

芍药为多年生植物，种植后3～4年才能采收。桔梗播种后2年收获。由于白芍种植的前两年植株矮小，行间间种桔梗，可以提高土地利用率，增加经济效益。

1. 间作形式

白芍行宽25厘米，两行桔梗中间播种1行白芍。

2. 技术要点

（1）选地整地：栽种桔梗的土地要选择排水良好，通风向阳，土层深厚、肥沃的土壤。

栽前应精耕细作，深翻30～40厘米，并施入腐熟好的牛粪、猪粪或饼肥等作基肥。地干时，浇水造墒再整地。

（2）白芍繁殖方法及选留种芽：白芍主要的繁殖方法有种子繁殖、分株繁殖、芽头繁殖。生产上多用芽头繁殖，留种的方法是秋分以后结合白芍收获，将根完整刨出，选根直立粗大无病虫害的，在芽头下1.5～2厘米处将根切下，顺势将根部的芽盘纵切成几块作种芽，每块留3～4个壮芽。

（3）白芍种植：栽种时开穴，株距30厘米、穴深5～8厘米，每亩栽2000株左右，每穴放种芽1～2个，栽后覆土踏实，再堆土做10厘米高的土堆保墒。

（4）田间管理

①去土堆：春季解冻后去土堆，以利早出芽。

②除草：出苗后应每年中耕除草4次。中耕时只能浅松表土3～5厘米，以免伤根。

③追肥：栽种后当年不必追肥，第2年起每年追肥2次，4月下旬，每亩施圈肥1500千克，封冻前亩施1500～2000千克。追肥时，宜于两侧开穴施下。冬季追肥与间作桔梗一并进行。

④灌溉排水：两种药物一般不需灌溉，严重干旱时，宜在傍晚灌1次透水，雨季及时排水。

⑤其他管理：同商品桔梗的露地栽培。

三、桔梗与林果间作

桔梗抗性极强，耐瘠薄，植株生长旺盛，有较强抗风沙、抗灰尘、抗空气污染能力，非常适合在杨树、槐树、松树、梨树、苹果树、杏树、李树、樱桃树、栗树、花椒树、柿子树、枣树、香椿树等幼树时间作。

1. 间作形式

在林果树的幼树行间种植桔梗。

2. 技术要点

（1）间作地选择：桔梗喜光、喜温和湿润凉爽环境，要求微酸性至中性（pH 6.5～7）、富含有机质、耕层深厚、排水良好的土壤，因此桔梗培育地宜选择地势高、土质疏松肥沃、排水良好、有灌溉条件的林果树的幼树行间，春季发芽迟、展叶晚的树种为最佳。早春，阔叶树如果萌芽展叶较晚，在桔梗萌芽期和展叶期阳光可直射地面，土温回升较快，有利于桔梗植株的营养生长，使植株健壮；夏季高温来临时，又能形成良好的郁蔽度，既能遮挡强光、防止叶片灼伤，又能降低气温。

（2）整地、施肥：林果间作桔梗以春季种植为宜，种植前，一般每亩用腐熟的优质农家肥2500千克，加过磷酸钙20千克，均匀撒于土内，然后翻耕深度在25～30厘米以上，做到平、净、细、碎，消除杂草等。整地时，要注意林果树5厘米以上的根要保留。

（3）选种：选择2年生以上非陈年的桔梗种子，亩用种量1～1.5千克。

（4）浸种催芽：根据春旱情况和所处地区，选择是否需要催芽处理。

（5）适时播种：林果间作以春季种植为宜。

①播种时间：北方春季播种应在4月上旬～5月中旬，即在地温达到15℃以上时播种；南方根据地温即可播种。

②播种方法：林果间作多采用条播，按行距20～25厘米开浅沟，沟深2～3厘米，将种子均匀播于沟内；也可将种子拌细沙（按1：10）均匀撒入沟内（可节省种子用量，且易播撒均匀）。播后覆细土1～2厘米盖平，稍加镇压，播完后浇水。

③除草：林果间作主要是采用人工除草。

（6）播种后的管理：同商品桔梗的露地栽培。

第五节　无公害桔梗产品的控制

药用植物无公害栽培，目的是采用栽培手段调节药用植物与产地环境关系，生产无公害的优质中药材。无公害中药材是指产地环境、生产过程和药材质量符合国家有关标准和规范要求，并经有资格的认证机构认证合格获得认证证书的未加工或者初加工的中药材产品。

一、桔梗污染的原因

1. 农药污染

桔梗栽培和仓储过程中的农药或驱虫剂的残留。

2. 化肥污染

化肥污染是种植者施肥过量引起的。当氮素化肥施用过量后，桔梗产品中硝酸盐含量往往超标。一般磷肥中含有镉，施磷肥过量，镉也会污染桔梗。

3. 环境污染

环境污染主要包括工业排出的废水、废气、废渣（三废）污染和病原微生物造成的污染两大类。工业生产排出的废气，如二氧化硫、氯化氢、氯气等可直接危害桔梗的生长发育。工业排出的废水中，含有多种有毒物质和重金属元素。这些废水混入灌溉水中，不仅污染了水源，也污染了土壤，导致桔梗残毒含量大。工业生产排出的废渣包括塑料薄膜，含有有毒物质、重金属元素的污染、废料等，这些废渣混入肥料中，施入土壤，也造成对桔梗生长发育直接或间接的危害，并对人体健康起一定的不良影响。

病原微生物的污染，除施用未发酵或未进行无公害化处理的有机肥、垃圾粪便中存在的有害病原体、植物残体带有病原菌造成污染外，还有未处理的工业、医药、生活污水等携带的大量病菌、寄生虫等，这些生物与桔梗接触也会造成污染。

4. 微量元素污染

在土壤中，微量元素含量分布很不均衡。我国很多地区缺乏不同的微量元素，施用微量元素肥料具有一定的增产作用。因此，很多地方不进行土壤化验，而盲目全面地普施微肥或施用过量，导致土壤中微量元素过量而产生毒害。

二、无公害桔梗产品的防止原则

1. 选择无污染的生态环境

为了规范中药材生产，保证中药材质量，促进中药标准化、现代化，国家食品药品监督管理局实施了《中药材生产质量管理规范（试行）》，要求中药材产地的环境应符合国家相应标准，土壤应符合土壤质量二级标准。

土壤控制的标准是：镉≤0.3毫克/千克；汞≤0.5毫克/千克；铬≤200毫克/千克；砷≤30毫克/千克；铅＜300毫克/千克。

水质控制标准是：pH值为5.5＜pH＜8.5；总汞＜0.001毫克/升；总镉＜0.005毫克/升；总铅＜0.1毫克/升；总砷＜0.1毫克/升；铬（六价）＜0.1毫克/升；氟化物＜3毫克/升；氯化物＜250毫克/升；氰化物＜0.5毫克/升。

大气环境符合无公害生产标准。

为了达到上述要求，桔梗生产地必须远离污染环境的工矿业，至少在其水源的上游，空气的上风头没有污染环境的工矿业单位。无公害桔梗生产地应远离公路500米以上，避免或减轻汽车废气的污染。

2. 科学施肥

（1）桔梗生产的施肥原则：以有机肥为主，辅以其他肥料；以多元复合肥为主，单元素肥料为辅；以施基肥为主，追肥为辅。

（2）施肥技术

①注重施肥方式：应以底肥为主，增加底肥比重。一方面有利于培育壮苗，另一方面可通过减少追肥（氮肥为主）数量，减轻因追肥过迟、植株临近成熟对吸收的营养不能充分同

化所造成的污染，还可提高桔梗的无公害程度。生产中宜将有机肥料全部底施，如有机氮与无机氮比例偏低，辅以一定量无机氮肥，使底肥氮与追肥氮比达6∶4，施用的磷、钾肥及各种微肥均采用底施方式。

②注重肥料种类的选择：应以有机肥为主，通过增施优质有机肥料，培肥地力。宜使用的优质有机肥的种类有堆肥、厩肥、腐熟人畜粪便、沼气肥、绿肥、腐殖酸类肥料以及腐熟的作物秸秆和饼肥等。农家肥以及人、畜粪便应腐熟达到无害化标准的原则。禁止使用未经处理的城市垃圾和污泥，以减少硝酸盐的积累和污染。允许限量使用的化肥及微肥有尿素、碳酸氢铵、硫酸铵、磷肥（磷酸二铵、过磷酸钙、钙镁磷肥等）、钾肥（氯化钾、硅酸钾等）、铜（硫酸铜）、铁（氯化铁）、锌（硫酸锌）、锰（硫酸锰）、硼（硼砂）等，掌握有机氮与无机氮之比为7∶（3～6），不低于1∶1。

（3）充分提高无机氮肥的有效利用率：氮是作物吸收的大量元素之一，生产中需施用氮肥补充土壤供应的不足。但大量施用氮肥对环境、桔梗及人类健康具有潜在的不良影响。因此，无公害桔梗生产中，应减少无机氮肥的施用量，尤其注意避免使用硝态氮肥。对于必须补充的无机氮肥，提倡使用长效氮肥，以减少氮素因淋溶或反硝化作用而造成的损失，提高氮素利用率，减轻环境污染。因此，在常规氮肥的使用中，应配合施用氮肥增效剂，抑制土壤微生物的硝化作用或脲酶的活性，达到减少氮素硝化或氮挥发损失的目的。

3. 合理防治病虫害

生产无公害的桔梗应立足于桔梗自身的保健，提高栽培管理水平，注意调节植物体内营养。这些措施不仅能提高桔梗的产量和质量，而且有助于增强其抗病虫的能力，减少化学农药的使用次数和用量，在关键时期，选择使用高效、低毒、低残留的化学农药。

在贮运过程中，也要严格选择低毒、低残留的农药；按照规定的浓度和用量；避免环境、包装用具等污染桔梗。

第六节　影响桔梗产量的因素及提高产量的措施

中医治疗疾病的物质基础是中药，中药中的化学成分对疾病治疗起重要作用，化学成分组成和含量直接影响中药药效。因此，确保中医治疗疾病疗效，中药必须具备稳定的化学成分组成和含量。

一、影响桔梗产量的因素

桔梗的产量不仅受到自身遗传因素的影响，同时也受到诸多环境因子及其病虫害的制约。

研究表明，环境的营养条件、光、温周期的转换以及顺、逆境威胁等，对植物个体发育的进程与遗传属性的表达与变异，都具有显著的影响和调控作用。

1. 遗传因素

桔梗的生长发育按其固有的遗传信息所编排的程序进行，即使是同一种植物，由于其在繁殖过程中所产生的变异，也会使其产量受到不同程度的影响。因此，选种、选苗也就成了栽培中不可缺少的一步。

2. 温度

温度是桔梗生长发育的重要环境因素之一，桔梗只能在一定的温度范围内进行正常的生长发育，如果低于或超出最适的生长温度范围，桔梗生理活动就会停止，甚至全株死亡。

桔梗对温度的要求因发育阶段的不同而不同。一般种子萌发时期、幼苗时期要求温度略低，营养生长期对温度要求逐渐升高，生殖生长期要求温度较高。

高温与低温都会严重影响其生长发育，从而影响其产量。高温表现在高温障碍上，低温则主要表现在冷害和冻害两个方面。此外，低温还可诱导植物开花出现春化作用。

3. 光照

光对植物的影响主要有两个方面：其一，光是绿色植物进行光合作用的必要条件；其二，光能调节植物整个的生长和发育的过程。桔梗的生长发育就是靠光合作用提供所需的有机物质。另外，光可以抑制植物细胞的纵向伸长，使植株生长健仕。光质、光照强度及光照时间都与桔梗生长发育密切相关，对桔梗的品质和产量产生影响。

桔梗生长发育在不同时期对光照要求不同，苗期怕强光直晒，须遮荫；成株则需要较强的光照。应按其生长习性来进行光照的调节。

4. 水

水不仅是植物体的组成成分之一，而且在植物体生命活动的各个环节中发挥着重要的作用。首先，它是原生质的重要组成成分，同时还直接参与光合作用、呼吸作用、有机质的合成与分解过程；其次，水是植物对物质吸收和运输的溶剂，水可以维持细胞组织紧张度和固有形态，使植物细胞进行正常的生长、发育、运动。

桔梗在不同的时期对水的需求量不同，总的来说，前期需水量少，中期需水量多，后期需水量居中。因此必须保证桔梗在其需水临界期时水量充分。若临界期水分欠缺，会造成桔梗根、茎产量的损失和品质的下降，后期不能弥补。

此外，水对植物产量的影响还主要表现在旱涝灾害上。干旱使其缺水，涝害使其水分过多，根质受损。

5. 土壤

土壤是桔梗栽培的基础，是桔梗生长发育所必需的水、肥、气、热的供给者。因此，搞好土壤的条件，是获得较高产量的基础。

土壤的结构、质地、组成、肥力、酸碱度、养分等都直接或间接地影响桔梗的生长发育。根据桔梗对环境的不同适应性将其种植在优越的土壤环境中是非常重要的。

6. 病虫害

在桔梗的栽培过程中往往会出现病虫害，使植物的正常新陈代谢遭到干扰和破坏，从生理机能到形态结构发生一系列的病变。病虫害可以使植株变色、腐烂、枯萎、畸形，严重影响其生长发育及产量。

二、提高桔梗产量的措施

提高桔梗的产量以获得更多的经济效益，是桔梗生产者所关心的问题之一。桔梗生产上多采用以下几种方法提高桔梗根的产量和质量。

1. 合理密植

对桔梗在合适的时节进行间苗、补苗、定苗，保持合理的密度，既可以保证对光照的充分利用，还可以更大限度地得到更多的产品。同时，也使其在有限的土地面积上得到高品质、高质量的桔梗根。

2. 中耕除草与培土

中耕可以减少地表蒸发，改善土壤的通水性及通气性，为大量吸收降水及加强土壤微生物活动创造良好条件，促进土壤有机质分解，增加土壤肥力。中耕还能除草，减少病虫害。

杂草一般出土早，生长速度快，同时也是病虫滋生和蔓延的场所，对桔梗的生长极为不利。所以必须清除，以便保证桔梗的正常生长。

此外，还可对其进行培土与覆盖，这样可以提高肥力、保温防冻、积雪保墒等作用。

3. 肥水调控

土壤中的养分及养料有限，不能满足桔梗的生长需求，因此必须人为地向土壤补充养料。

4. 灌溉与排水

灌溉与排水是调节植物对水分要求的重要措施。根据桔梗对水分的不同需求采用沟灌、浇灌等，从而保证桔梗的所需水分，保证其正常的生长和发育。此外，灌溉必须适度，否则会造成根系腐烂等一系列影响产量的问题。

当地下水位高、土壤湿润，以及雨季雨量集中，田间有积水时，应及时清沟排水，以减少植物根部病害，防止烂根，改善土壤通气条件，促进植株生长。

5. 植株调整

对于桔梗主要进行打顶和摘蕾。打顶能打破顶端优势，抑制地上部分生长，促进地下部分生长或抑制主茎生长。摘蕾则是抑制其生殖生长，使养分输入地下根储藏起来，从而提高桔梗根的产量和品质。

第四章　桔梗的病虫害防治

桔梗在生长过程中，如遇环境条件不适宜或栽培管理措施不当，就会严重影响桔梗生长，甚至会发生严重的病、虫害。

第一节　桔梗病虫害的综合防治措施

桔梗病虫害的防治，必须贯彻“预防为主，综合防治”的植保工作方针，突出生态控制，应用农业、生物、物理和化学相结合的综合防治技术。严格控制农药残留不超标，严禁使用国家规定的禁止使用的高毒、高残留或具有三致（致癌、致畸、致突变）作用的农药。使用农药时，要严格按照农药使用说明书科学操作运用。

一、桔梗病、虫害发生的原因

致使桔梗致病的因素称为病原，病原包括非侵染性病害和侵染性病害两种。由非生物因素如干旱、洪涝、严寒等不利的环境因素或营养失衡等所致的病害，没有传染性，称为非侵染性病害。由生物因素如真菌、细菌、病毒等侵入植物体所致的病害，具有传染性，称为侵染性病害。

在农业生产中，任何病害的发生和流行，必须具有易感病的植株、一定数量的病原、发病的适宜温度和湿度三个条件。

1. 病原

病原主要包括真菌、细菌和病毒，这些病菌在条件适宜时，经过一定途径传播到植株上，导致植株发病。病原传播的方式主要有以下几个方面。

（1）重茬：桔梗忌连作、重茬，因为桔梗怕连作，连作后病虫害增多，土质下降，导致产质下滑。

（2）种苗或种子带菌：种植的桔梗种源，由于在种植期间病害没有得到有效控制，收获后的种苗或种子带有病菌，这为桔梗病害的扩散和下年发病提供了病原基础。

（3）风力传播：病原真菌的孢子通常小而轻，易于飞散，可以借助风力传播，如锈病孢子、霜霉病的分生孢子等。

（4）雨水传播：病原真菌的游动孢子或病原细菌常借雨水的下落和飞溅、土壤中的流水而传播，如根腐病菌可通过灌溉水传播。

（5）昆虫传播：昆虫本身可以携带病原物，而且常在植物体上造成伤口而利于细菌侵入。蚜虫等为主要传播媒介。

（6）人为传播：人为传播主要通过栽培操作、贮藏流通等方式传播病原物，如带病种子及繁殖材料的调入调出、栽培过程的人工操作等。人为传播方式数量大、距离远，危害极大。

（7）病株残体、未腐熟的带菌有机肥、杂草：桔梗收获后，残根、残叶未清理干净，未深埋或烧毁，一旦条件适宜，所携带的病原就可侵染致病。利用不腐熟的有机肥，病菌也会侵染植株。田间很多杂草是多种病毒寄生和越冬的场所，如不及时铲除、烧毁或深埋，也会传播病毒病等病害。

2. 适宜的发病条件

（1）温度：不同的病害发生、流行、侵染均需要一定的环境条件。除少数病害发病需在高温、干旱的条件下外，大多数病害适于在温暖、高湿的条件下发生。多种病害发生的适宜温度为15～20℃，这也是桔梗生长发育所需的温度。因此，只要桔梗生长发育，病菌也就一定跟着发生、发展。

（2）湿度：土壤湿度对桔梗生长的影响是显而易见的。土壤水分不足或连续干旱，植株生长发育受到抑制，甚至导致凋萎和死亡。土壤湿度过大会引起涝害，使土壤中氧气供应不足，根部得不到正常生理活动所需要的氧气而容易烂根。同时，由于土壤缺氧促进了厌氧性微生物的生长，产生一些对根部有害的物质。

（3）密度：大密度使植株下部光照不足，田间郁蔽空气流通差，影响正常生长，利于病菌侵染。

（4）土壤和空气的成分：土壤中的营养条件不适宜或存在其他有害物质，可使桔梗表现各种病态。如缺氮、磷、钾、镁时，都会引起桔梗生长不良、变色；缺锌时细胞生长分化受影响，导致花叶和小叶簇生；缺硼引起幼芽枯死或造成器官矮化、畸形。土壤中某些元素或有害物质的含量过多也能引起病害，微量元素超过一定限度就会危害桔梗，尤其是锰、铜对其有毒。

空气中的有害成分也常造成对桔梗的危害，造成中毒现象。如氯化氢中毒引起叶缘或叶尖呈水渍状、变黑褐色或黄褐色，最后枯死脱落；二氧化硫或二氧化氮中毒导致生长受抑制，叶片褪色早落，甚至整株死亡。

3. 植株抗病性差

尽管有适宜的发病环境条件，有足够数量的病原，还必须有抗病力弱、易发病的植株方可发病、传播。这就是在相同条件下，不同的植株发病情况不一样的主要原因。

4. 肥害

施肥不当或过量都会造成植株下部叶片过早发黄干枯，降低桔梗的抗病力。如果用猪粪、牛粪等未腐熟的有机肥作底肥，而且施肥量大，影响了桔梗的正常生长，也给病菌的侵入创造了条件。

5. 防治不力

病害的发生、流行，是一个由少到多，由轻微到严重的过程。如果在发病初期未能及早采取措施，或是措施不力，均会造成病害的发生、传播。

二、栽培过程中桔梗病、虫害的综合防治

1. 农业防治

农业防治即在农田生态系统中，利用和改进耕作栽培技术，调节病原物害虫和寄主及环境之间的关系，创造有利于作物生长、不利于病虫害发生的环境条件，控制病虫害发生发展的方法。其特点是无需为防治有害生物而增加额外成本；无杀伤自然天敌、造成有害生物产生抗药性以及污染环境等不良副作用；可随作物生产的不断进行而经常保持对有害生物的抑制，其效果是累积的。因此，农业防治一般不增加开支，安全有效，简单易行。

（1）清洁田园：田间杂草和桔梗收获后的残枝落叶常是病虫隐蔽及越冬场所和来年的重要病虫来源。因此，在桔梗播种和定植前，结合整地收拾病株残体，铲除田间及四周杂草，拆除病虫中间寄主，是防治病虫害的重要农业技术措施。在生长过程中，及时摘除病虫危害的叶片，或全株拔除，带出田外深埋或烧毁。地头、田边的杂草，有的是害虫的寄主，有的是越冬场所，及时清除、烧毁也可消灭部分害虫。

（2）合理轮作：合理轮作对防治病虫害和充分利用土壤肥力是十分重要的。在桔梗生产中按合理的种植布局，实行有计划的轮作倒茬，尤其与豆科或禾本科农作物轮作，既可改变土壤

的理化性质，提高肥力，又可减少病源虫源积累，减轻危害。

（3）深耕细作：深耕细作能促进根系的发育，增强吸肥能力，使桔梗生长健壮，同时也有直接杀灭病虫的作用。很多病原菌和害虫在土内越冬，因此，冬耕晒土可改变土壤物理、化学性状，促使害虫死亡，或直接破坏害虫的越冬巢穴或改变栖息环境，减少越冬病虫源。耕耙除能直接破坏土壤中害虫巢穴和土室外，还能把表层内越冬的害虫翻进土层深处使其不易羽化出土，又可把蛰伏在土壤深处的害虫及病菌翻露在地面，经日光照射、鸟兽啄食等，亦能直接消灭部分病虫。

（4）合理施肥：合理施肥能促进桔梗的生长发育，增强其抗病虫害的能力和避开病虫为害时期，特别是施肥种类、数量、时间、方法等，都对病虫害的发生有较大影响。一般来说，增施磷、钾肥，特别是钾肥可以增强植物的抗病性，偏施氮肥对病害发生影响最大。使用厩肥或堆肥，一定要腐熟，否则肥中的残存病菌以及地下害虫蛴螬等虫卵未被杀灭，易使地下害虫和某些病害加重。

（5）适宜的播种期：春播宜在4月上旬至4月下旬播种，夏季应在7月下旬之前播种，秋播以10月下旬至11月上旬播种为宜。

（6）种子处理：采用风选、筛选等方法将有病虫的种子淘除，保证用无病虫种子、温汤浸种（种子置于50～60℃的温水中，不断搅动，将瘪子及其他杂质漂出），或用0.3%～0.5%高锰酸钾浸种12小时，晾干后播种。

（7）合理密植，加强通风：合理密植能改善通风透光条件，防止某些病虫害的发生。

2. 生物防治

生物防治是利用生物或其代谢产物控制有害生物种群的发

生、繁殖或减轻其危害的方法。生物防治具有不污染环境、对人和其他生物安全、防治作用比较持久，易于同其他植物保护措施协调配合，并有节约能源等优点，是解决中药材免受农药污染的有效途径。

生物防治，目前主要是采用以虫治虫，微生物治虫，以菌治病，抗生素和交叉保护以及性诱剂防治害虫等方法进行。如利用步行虫、食蚜瓢虫、食蚜蝇等捕食性益虫防治蚜虫等；利用苏云金杆菌、白僵菌、青虫菌、杀螟杆菌等寄生性细菌和真菌防治食心虫、金龟子、地老虎等多种害虫等；利用春雷霉素、灭瘟素、“5406”、内疗素等抗生素，防治根腐病、炭疽病等。

3. 物理防治

利用光、温、器具等进行防治病虫害的措施，称为物理防治。

（1）诱杀成虫：利用害虫成虫的趋光性、趋化性，在成虫发生期，在田间设糖醋诱虫液、性诱杀剂（图4–1），诱杀成虫，以减少产卵量。

图4–1　桔梗田中的性诱杀装置

（2）黄板诱杀（图4–2）：蚜虫具有强烈的趋黄性，利用这一特性，在田间多竖黄色板，涂上机油，可粘杀害虫。

图4-2　黄板诱杀

4. 化学防治

应用化学农药防治虫害的方法，称为化学防治法。其优点是作用快、效果好、应用方便，能在短期内消灭或控制大量发生的虫害，受地区性或季节性限制比较小，是防治虫害常用的一种方法。但如果长期使用，害虫易产生抗药性；同时杀伤天敌，往往造成害虫猖獗；且有机农药毒性较大，有残毒，能污染环境，影响人畜健康。尤其是桔梗大多数都是内服药品，农药残毒问题，必须严加注意，严格禁止使用毒性大或有残毒的药剂。对一些毒性小或易降解的农药，要严格掌握施药时期，防止污染植物。在桔梗生产上，要严禁使用国家有关规定禁止使用的农药。对于使用后，能使某些桔梗的有效成分含量降低而影响中药材质量的农药，亦应禁止使用。

（1）对症下药，防止污染：各种农药都有自己的防治范围和对象，只有对症下药，才会事半功倍，否则，用治虫的药治病，治病的药防虫，只会是劳而无功，徒费农药，事倍无功，得不偿失。在桔梗病虫害防治中，应严格遵照农业部的有关规定，严禁使用砷酸钙、砷酸铅、甲基砷酸铅、甲基砷酸铁胺、福镁甲砷、薯瘟锡、三苯基氯化锡、毒菌锡、西力生、赛力散、氯化钙、氯化钠、氟乙酸钠、氟乙酰胺、氟硅酸钠、DDT、六六六、林丹、艾氏剂、狄氏剂、三氯杀螨醇、二溴乙烷、二溴丙烷、甲拌磷、乙拌磷、久效磷、对硫磷、甲基对硫磷、甲胺磷、甲基异柳硫磷、氧化乐果磷胺、克百威、灭多威、涕灭威、杀虫脒、五氯硝基苯、各类除草剂、有机合成植物生长调节剂等禁用剧毒、高残留农药。

（2）时机适宜，及时用药：适宜的用药时间主要从两方面考虑，一是有利于施药的气象条件；二是病、虫生物生长发育中的抗药薄弱环节时期。此期用药有利于大量有效地杀伤病虫生物，当然施药时间还应考虑药效残毒对人的影响，必须在对产品低污染、微公害的时期施药。

（3）浓度适宜，次数适当：喷施农药次数不是越多越好，量不是越大越好。否则，不但浪费了农药，提高了成本，而且还可能加速病、虫生物抗药性的形成，加剧污染、公害的发生。在病虫害防治中，应严格按照规定，控制用量和次数。

（4）适宜的农药剂型，正确的施药方法：尽量采用药剂处理种子和土壤，防止种子带菌和土传病虫害。保护地内可多采用烟熏的方法，在干旱山区可采用油剂进行超低容量喷雾。喷药应周到、细致。高温干燥天气应适当降低农药浓度。

（5）合理混用和交替使用农药：农药的混合使用可以提高药效，防止病菌和害虫产生抗药性，还能兼治多种病虫害。应根据药剂特性，合理混用和交替使用，避免抗药性的产生。

（6）保护天敌：在施用农药时，注意采用适当剂型，保护天敌。

（7）安全用药：绝大多数农药对人畜有毒，施用中应严格按照规定，防止人、畜及天敌中毒。

三、收获后及贮藏期病虫害的防治

加工包装后的桔梗，需要一段时间的贮藏，在此过程中，因受周围环境和自然条件等因素的影响，常会发生霉烂、虫蛀、变色、泛油等现象，导致桔梗变质，影响或失去疗效。因此，必须贮存和保管好桔梗，以保证其应有品质。

1. 影响桔梗变质的因素

（1）外界因素：外界因素指空气、温度、湿度、日光、微生物、昆虫等。桔梗在这些因素的综合作用下，常发生一些变质现象。如贮藏时的温度过高、贮藏时间过长或受日光照晒过长，与空气接触会引起药材“走油”；在一定的温度和湿度下，会被微生物污染而生霉；通常温度在16～35℃，相对湿度在60%以上，含水量在11%以上，会发生虫蛀；在空气、湿度、日光等因素的作用下会发生变色等。

（2）内在因素：内在因素指中药材所含化学成分的性质。中药材的成分不稳定，有的易被氧化或还原，有的有挥发性，有的在光照条件下易异构化而失去生物活性，有的在适宜的条件下由于酶的存在而易水解，有的含吸湿性成分致使药材吸湿后发生霉变等。因此在贮藏桔梗时，一定要选用适当贮藏方法，才能保证桔梗的品质。

2. 常用的贮藏方法

贮藏时间短时，只需选择地势高、干燥、凉爽、通风良好的室内，将桔梗堆放好，或用塑料薄膜、苇席、竹席等防潮即可。

（1）防潮贮藏法：将石灰等吸水材料置于贮藏桔梗的室内，并不断更换吸水材料，使室内保持干燥。

（2）气调贮藏法：充氮降氧是利用氮气发生器，向密闭库内充氮气，使库内氧气浓度降低，从而杀灭害虫。据试验，密封仓库，充氮降氧，使库房内充满98%的氮气，害虫就窒息而死，而且库内桔梗不会发霉变质、变色，是一种科学而又经济的贮藏方法。

充氮降氧杀虫除掌握氧气的浓度外，还需控制环境温、湿度。因为不同温湿度对害虫致死率都不同。而且在保持一定氧气浓度的基础上，还需有一定的密封时间保证，一般氧气浓度在2%以下，温度在25～28℃时，密封时间应为15～30天，这样才能有效地杀灭害虫。

（3）密封防潮贮藏法：地面铺木板，板上铺油毛毡和草席，再铺上大块塑料薄膜，桔梗堆放于薄膜上，用薄膜包装密封，并将接缝粘接起来。

3. 贮藏期间的害虫防治

（1）贮藏期间的害虫种类：桔梗贮藏期间的害虫，主要是药材甲、咖啡豆象、烟草甲虫、锯谷盗、谷蠹、长角扁谷盗、印度谷螟、米黑虫、粉斑螟等。害虫活动季节一般是3～4月份开始，至11月份，而以8～9月份危害最严重。

（2）防治方法：贮藏期间的虫害，主要是确保入库前的桔梗在收、晒、运过程中不带虫源，并要做好入库前的仓库消毒。

磷化铝亦称磷毒净，是一种高效的杀虫剂。其有粉剂和片剂两种，仓库常用片剂。

使用时，在已堆垛好的药堆上，覆盖多层麻袋，然后施磷化铝于麻袋上，立即密封库房或用塑料薄膜罩帐熏蒸。施药剂量，按仓库空间每立方米用5～7克，一般投药后，密闭3～5天，即可达到杀虫效果。密闭时间与气温变化有关，气温在12～15℃时，应密闭5天；16～20℃时，应密闭4天；20℃以上时，应密闭3天。

磷化铝片剂分解发生的磷化氢是一种剧毒气体，对人、畜的毒性主要作用在中枢神经系统，受害快且较严重；其次为呼吸、心血管系统和肝脏。当空气中含有磷化氢0.002～0.004毫克/升时，可嗅到臭味；每升含量达0.01毫克时，对人已很危险；达到0.14毫克时，可迅速使人呼吸困难，失去知觉，发生痉挛，脉搏加快，内脏器官发生脂肪变性，以致死亡。在使用时，应注意磷化氢空气中的浓度（25℃）达26克/立方米时，会引起磷化氢燃烧或爆炸。所以，每个施药点用药量不得超过90克；帐幕垂地不得盖住施药皿，防止空气不流通，使局部范围达到上述浓度；避免露天使用磷化铝，防止雨水冲入帐幕内遇磷化铝剧烈分解而发生爆炸事故。

开启盛装磷化铝药片的铁筒，最好在室外通风处进行，人站在上风，并要戴防毒面具或防毒口罩和橡皮手套。磷化铝开桶后，一次用量剩余的，应在原桶内用塑料袋扎紧，用胶纸将桶口封严。

熏蒸后，应选择在有风的晴天，将库内门窗敞开。通风时，应带好防毒面具，迅速将残渣收集于一容器内，深埋于地下，残渣应为粉状，如有颗粒或片存在，切勿深埋，应将其移入其他熏蒸垛内继续分解。拆下的帐幕应于空气流通处吹晾。库内通风3天后检不出磷化氢残毒时，才进行正常作业。

4. 贮藏时应注意的问题

在贮藏期内，要通过科学的管理，最大限度地保持桔梗的原有品质，不带来二次污染，才能更好地满足人们对桔梗的需求。

（1）贮藏环境必须洁净卫生，不能对桔梗造成污染。

（2）贮藏环境应通风、干燥、避光，最好有除湿设备，地面为混凝土或可冲洗的地面，并具有防鼠、防虫措施。

（3）桔梗包装应存放在货架上，与墙壁保持足够距离，并定期抽查，防止虫蛀、霉变、腐烂、泛油等现象。

（4）在贮藏中，合格桔梗不能和不合格桔梗混堆贮存。

（5）桔梗需和有毒中药材分开贮藏。

第二节　桔梗病虫害的防治

一、病害防治

在桔梗栽培生产或贮藏过程中，受到病原生物的侵染或不良环境条件的影响，正常新陈代谢遭到破坏和干扰，从生理机能到形态构造上发生一系列反常的病变现象，称为病害。桔梗的病害主要有根腐病、枯萎病、轮纹病、斑枯病、立枯病、炭疽病、疫病、紫纹羽病、白粉病、灰霉病、霜霉病、锈病等。一旦病害为害严重，将造成严重的经济损失，因此必须贯彻“预防为主、综合防治”的植保方针。

1. 根腐病

根腐病是由真菌中半知菌类镰刀菌引起的一种根部病害。

（1）危害症状：发病期6～8月，先由须根开始，再延至主根；病部初呈黄白色，可看到白色菌索，后变为紫褐色，病根由外向内腐烂，外表菌索交织成菌丝膜，破裂时流出糜渣。根部腐烂后仅剩空壳，地上病株自下而上逐渐发黄枯萎，最后死亡。

（2）发病规律：根腐病常发生在夏季高温多湿季节，特别是雨季田间积水时发生较重。

（3）防治方法

①在重病区实行水、旱轮作或非寄主植物轮作，可降低土壤带菌量，减轻发病程度。

②多施基肥，改良泥土，加强植株抗病力，每亩施石灰粉50～100千克，可减轻损害。或整地时，每亩用5千克多菌灵进行土壤消毒。

③及时排除积水。在低洼地或多雨地区种植，应作高畦。

④及时拔除病株，病穴用石灰消毒。

⑤发病初期，用50%退菌特可湿性粉剂500倍液或40%克瘟散1000倍液或多菌灵1000倍液浇灌病区，每15天1次，连续用3～4次。

2. 枯萎病

枯萎病是影响桔梗产量的重要病害之一。

（1）危害症状：为害全株，严重发病地块发病率达90%以上，发病初期，茎基部变褐色，成干腐状态，逐渐向茎上部扩展蔓延，最后全株感病枯萎。

（2）发病规律：一般多在6月份开始发生，7～8月份严重。在高温多湿条件下，茎基部表面产生粉白色霉层，为病菌的分生孢子，最后导致全株枯萎死亡。

（3）防治方法

①桔梗花与禾本科作物轮作2～3年。

②发现病株及时拔除，集中烧毁，病穴用石灰粉灭菌，防止蔓延。

③雨后注意排水，降低田间土壤湿度，中耕除草时不要碰伤根部，可减轻发病。

④发病初期，喷50%多菌灵800～1000倍液，或50%甲基托布津1000倍液防治，每7～10天喷一次，连续喷2～3次。喷药时除上部茎叶喷药外，茎的基部也要喷到。

3. 轮纹病

轮纹病是由真菌中的半知菌类壳针孢属菌引起的病害。

（1）危害症状：病害主要发生在成叶和老叶上，也可危害嫩叶和新梢。叶片病斑通常由叶尖或叶缘开始，先为黄绿色小斑，后呈褐色，近圆形、半圆形或不规则形大斑，一般有深浅褐色相间的同心轮纹，边缘有褐色隆起线与健部分界明显；以后病斑中央变为灰白色，上生墨黑色小粒点。

（2）发病规律：病菌以分生孢子器随病残体在土壤中越冬，翌年产生分生孢子进行初侵染和再侵染。该病发生比较早，一般5月上旬开始发病，6月进入发病盛期，7月中旬后逐渐减少。轮纹病菌的侵染与密度大、高温多湿有关。管理粗放、杂草丛生以及螨类等虫害严重时，病害发生常较重。此外，排水不良、密植、湿度大，发病亦较重。

（3）防治方法

①冬季清园，将田间枯枝、病叶及杂草集中烧毁。

②夏季高温发病季节，加强田间排水，降低田间湿度，以减轻发病。

③发病初期用1：1：100的波尔多液，或65%代森锌600倍液，或50%多菌灵、退菌特1000倍液，或甲基托布津的1000倍液喷洒。

4. 斑枯病

斑枯病又称叶枯病，是由真菌中半知菌类壳针孢属菌引起的一种病害。

（1）危害症状：叶、叶柄、茎均可染病。叶部染病，一种是老叶先发病，后传染到新叶上。叶上病斑多散生，大小不等，直径3～10毫米，初为淡褐色油渍状小斑点，后逐渐扩大，中部呈褐色坏死，外缘多为深红褐色且明显，中间散生少量小黑点。另一种，开始不易与前者区别，后中央呈黄白色或灰白色，边缘聚生很多黑色小粒点，病斑外常有一圈黄色晕环，病斑直径不等。叶柄或茎部染病，病斑褐色，长圆形稍凹陷，中部散生黑色小点。严重时，病斑汇合，叶片枯死。

（2）发病规律：主要以菌丝体在种皮内或病残体上越冬，且存活1年以上。播种带菌种子，出苗后即染病。产出分生孢子，在育苗畦内传播蔓延。在病残体上越冬的病原菌，遇适宜温、湿度条件，产出分生孢子器和分生孢子，借风或雨水飞溅将孢子传到桔梗株上。孢子萌发产出芽管，由气孔或穿透表皮侵入，经8天潜育，病部又产出分生孢子进行再侵染。该病在冷凉和高湿条件下都易发生，气温20～25℃，湿度大时，发病重。

此外，连阴雨或白天干燥，夜间有雾成露水及温度过高、过低，植株抵抗力弱时，发病重；偏施氮肥造成倒伏后发病严重，导致叶片干枯；栽植密度大，多雨潮湿时，发病重。

（3）防治方法

①及时清除植株残体并烧掉。

②展叶后，喷1∶1∶120波尔多液或65%代森锌500倍液，每7～10天喷施一次，连续3～4次。

5. 立枯病

立枯病又叫死苗病，是由真菌中的一种半知菌引起的苗期病害。

（1）危害症状：该病是苗期主要病害。幼苗出土后不久，产生褐色长条形病斑，逐渐扩大，苗根变为红褐色，后苗根皮层腐烂枯死，严重时幼苗成片死亡。

（2）发病规律：立枯病是真菌病害。病菌主要以菌丝体或菌核在土壤中或病株残体中越冬。病菌的腐生性很强，一般可存活2～3年，遇适宜条件即可侵染蔓延，以菌丝从伤口或直接侵染幼茎。生长发育适宜温度为24℃，湿度大、通气不良、光照不足是立枯病发生的主要条件。

（3）防治方法

①该病为土壤传播，应实行轮作。选择排水良好、土壤疏松的地块种植。

②播种前进行土壤消毒。

③出苗前，喷1：1：100波尔多液或50%多菌灵1000倍液或1：2：200波尔多液1次；出苗后，喷50%多菌灵1000倍液2～3次，保护幼苗。

6. 炭疽病

炭疽病是由真菌中半知菌刺盘孢菌属真菌引起桔梗茎秆基部的病害。

（1）危害症状：发病初期叶面出现褐色斑点，逐渐扩大蔓延至茎、枝，表皮粗糙，黑褐色，后期病斑收缩凹陷，多雨高湿条件下病斑呈水渍状，后期植株茎叶枯萎。

（2）发病规律：病原菌以菌丝和分生孢子在田间病残体上越冬，翌年春季降雨后，释放分生孢子进行初侵染发病。桔梗生长期，病斑产生大量新分生孢子，通过风雨传播，不断进行多次再侵染，导致田间病害流行。高温多雨和露雾较大的天气条件、粗放管理和生长不良等有利于该病的发生和流行，如果防治不力，常导致叶片大量枯死。一般5～6月份开始发生。

（3）防治方法

①加强管理，防止叶片产生伤口，可减少发病。合理施肥，注意及时排水，避免田间积水或地表湿度过大。

②发病初期，喷70%退菌特500倍液或1：1：100波尔多液。

③结果期，开始喷1：0.35：100倍波尔多液或50%的多菌灵可湿性粉剂1000倍液、70%的甲基硫菌灵超微可湿性粉剂1000～1200倍液、50%的混杀硫悬浮剂500～600倍液。隔半个月1次，共防 2～3次。

④及时摘除病叶，集中深埋或烧毁。

7. 疫病

疫病又称脚腐病，该病在雨水多的年份发病较重。

（1）危害症状：发病期于6～8月，茎、叶均可受害，在茎基部被感染处初期出现水渍状，后形成软腐，成为暗绿色至黑褐色不规则病斑，并向上扩展后腐败，产生稀疏的白色霉层，即病原菌孢囊梗和孢子囊；同时根系大量死亡，基部叶片先黄化，上部叶片生长受抑制，植株长势减弱；湿度大时在地上的茎部也常发生类似软腐的感染，引起茎猝倒、弯曲或软腐；幼嫩叶片易感染，初为水渍小斑，后逐渐扩大为灰绿色病斑。

（2）发病规律：病菌以卵孢子、厚垣孢子或菌丝体随病残组织遗留在土壤中越冬。春季卵孢子或厚垣孢子萌发，侵染寄主引起发病。降雨多、空气和土壤湿度大，病残组织能产生大量孢子囊，通过雨水飞溅引起再侵染，短期能造成病害大面积发生。

（3）防治方法

①加强田间管理，雨季及时排水。

②选择畦面或起垄栽培，防止茎基部淹水。发现病株及时挖除，集中处理，病穴用生石灰或43%甲醛或70%致克松可湿性粉剂500倍液消毒。

③发病初期，喷1：1：120波尔多液或敌克松500倍液，7～10天1次，连续2～3次。

8. 紫纹羽病

紫纹羽病是由真菌中的一种担子菌引起的病害。

（1）危害症状：紫纹羽病危害根部，先由须根开始发病，再延至主根。病部初呈黄白色，可看到白色菌索，后变为紫褐色，病根由外向内腐烂，外表菌索交织成菌丝膜，破裂时流出糜渣。地上病株自下而上逐渐发黄枯萎，最后死亡。

（2）发病规律：病害发生盛期多在7～9月，低洼潮湿积水的果园，发病重。

（3）防治方法

①实行轮作，及时拔除病株烧毁。

②种植时，每亩施石灰粉50～100千克，可以减轻危害。

③病区用10%石灰水消毒，控制蔓延。

9. 白粉病

白粉病是一种真菌性病害，主要危害叶片。

（1）危害症状：白粉病株从荫蔽处枝叶、叶柄先发病，外部不易发现，待发现时已很严重。叶面常覆满一层白粉状物，后期叶片两面及叶柄、茎秆上都生有污白色霉斑，后期在粉层中散生许多黑色小粒点，即病原菌闭囊壳。

（2）发病规律：病菌残体留在土表越冬，翌年放射出子囊孢子进行初侵染，田间发病后，病部菌丝上又产生分生孢子进行初侵染。病菌菌丝体在寄主上越冬，条件适宜时产生分生孢子借气流传播，有时孢子萌发产生的侵染丝直接侵入寄主表皮细胞，在表皮细胞内形成吸器吸收营养。菌丝体多寄居在寄主表面，多处长出附着器，晚秋形成闭囊壳或以菌丝在寄主上越冬。春、秋冷凉，湿度大，易发病。

（3）防治方法：发病初用0.3波美度石硫合剂或白粉净500倍液喷施，或用20%的粉锈宁粉1800倍液喷洒。

10. 灰霉病

灰霉病是半知苗门真菌病。

（1）危害症状：主要侵染桔梗的茎、叶和花。发病初期在茎、叶、花苞或花瓣上出现针尖状褪色小斑点或水浸状斑点，之后病斑会扩大形成大型褐斑，造成植株茎部、叶片坏死，花朵提早凋谢，花腐，湿度大时病斑上会密生灰色霉层。有时病原菌还能使整个茎部外皮组织受害，如剥皮一般，并在体表产生大量的霉层，即病原的分生孢子梗和分生孢子；发生严重的话，能造成整个桔梗植株枯死。

（2）发病规律：灰霉病属于气传性病害，病原菌以菌丝体或菌核在病体残株和土壤中越冬。春季温度升高，越冬菌丝体迅速形成大量的分生孢子，借空气、雨水或农事操作传播，通过侵入寄主细胞或经由伤口及气孔侵入完成初侵染；发病后，病部产生分生孢子形成再侵染。灰霉病菌丝生长的适温为15～25℃，以20℃为最佳；空气相对湿度90%以上有利于病害的流行；阳光不足、通风不良以及连续阴雨和雾天易导致该病的暴发和流行。

（3）防治方法

①注意栽培密度，加强通风，可有效降低灰霉病的发病率。

②发现病叶、病株及时清除，集中烧毁。

③发病初期，交替叶面喷施75%百菌清500倍液，或1：1：100的波尔多液，或53.8%可杀得1000倍液，或50%多菌灵500倍液，或70%甲基托布津500倍液，每7～10天喷1次，连续喷药2～3次。药剂要交替使用，喷雾要均匀透彻，重点喷洒新生叶片及周围土壤表面，连续喷2次。

11. 霜霉病

霜霉病是桔梗发生较重的病害之一，该病发生早、传播快、危害重；如果防治不及时，会造成当年桔梗苗毁地清。

（1）危害症状：主要侵染桔梗的嫩枝、嫩叶、新梢和花，以嫩叶为重；初期会在叶片正面出现不规则形的淡绿色无明显边缘的斑块，后扩大呈黄褐色至灰褐色病斑，湿度大时叶背面长出白色，少数为灰色、褐色薄霜状霉层。病害严重时，新叶会受到连续侵染而凋零，叶片似脱水状，之后病斑变为褐色引发落叶。嫩梢受感染后呈水浸状，向下凹陷，后干枯造成枝条凋萎。

（2）发病规律：桔梗霜霉病病原菌以卵孢子在土壤中或病残落叶中越冬，借风、水滴、雾滴传播，由气孔侵入植株。温度和湿度是影响病害发生和流行的重要因子，孢子囊萌发最适温度为15～25℃。昼夜温差大、通风不良、相对湿度近于饱和等条件，均有利于霜霉病的发生和流行。

（3）防治方法

①清除感病叶片、病茎和病株，减少侵染来源。

②降低种植密度，加大通风透光，注意水分管理。

③发病初期，喷洒75%百菌清、氟吡菌胺等药剂，5～7天喷一次，连续3～4次。注意药剂交替使用，喷雾时应均匀周到。

12. 锈病

锈病由真菌中的锈菌寄生引起的一类植物病害。

（1）危害症状：锈病主要侵害叶片、叶柄和茎。叶片染病初生黄白色至黄褐色小斑点，略凸起，后渐扩大，现黄褐色夏孢子堆，突破表皮散出褐红色粉状物，即夏孢子。深秋，从病斑上长出黑色的冬孢子堆，表皮破裂散出黑褐色的冬孢子。严重的致叶片干枯早落，影响产量。

（2）发病规律：主要以冬孢子在病残体上越冬，翌年条件适宜时产生担子和担孢子，担孢子侵入寄主形成锈子腔阶段，产生的锈孢子侵染桔梗并形成疱状夏孢子堆，散出夏孢子进行再侵染，病害得以蔓延扩大，深秋产生冬孢子堆及冬孢子越冬。北方该病主要发生在夏、秋两季，尤其是叶面结露及叶面上的水滴是锈菌孢子萌发和侵入的先决条件。夏孢子形成和侵入适温15～24℃，10～30℃均可萌发，其中以16～22℃最适宜。

日均温25℃，相对湿度85%潜育期约10天。桔梗进入开花结果期，气温20℃以上，高湿、昼夜温差大及结露持续时间长时，易流行，苗期不发病。

（3）防治方法

①清理田间，集中烧毁病残枝叶。

②发病初期，喷波美0.3度石硫合剂或97%敌锈钠400倍液或15%粉锈宁可湿性粉剂进行防治。

13. 菌核病

菌核病由核盘菌属、链核盘菌属、丝核属和小菌核属等真菌引起，低温高湿条件发生的病害。

（1）危害症状：主要为害茎蔓、叶片和果实。茎基部染病，初生水渍状斑，后扩展成淡褐色，造成茎基软腐或纵裂，病部表面生出白色棉絮状菌丝体。叶片染病，叶面上现灰色至灰褐色湿腐状大斑，病斑边缘与健部分界不明显，湿度大时斑面上现絮状白霉，终致叶片腐烂。蒴果染病，初现水浸状斑，扩大后呈湿腐状，其表现密生白色棉絮状菌丝体。发病后期，病部表面现数量不等的黑色鼠粪状菌核。

（2）发病规律：菌核遗留在土中或混杂在种子中越冬或越夏。混在种子中的菌核，随播种带病种子进入田间传播蔓延，该病属分生孢子气传病害类型，其特点是以气传的分生孢子从寄生的花和衰老叶片侵入，以分生孢子和健株接触进行再侵染。侵入后，长出白色菌丝，开始为害柱头或幼瓜。在田间带菌雄花落在健叶或茎上经菌丝接触，易引起发病，并以这种方式进行重复侵染，直到条件恶化，又形成菌核落入土中或随种株混入种子间越冬或越夏。南方2～4月及11～12月适其发病。本病对水分要求较高，相对湿度高于85%，温度在15～20℃利于菌核萌发和菌丝生长、侵入及子囊盘产生。因此，低温、湿度大或多雨的早春或晚秋有利于该病发生和流行，菌核形成时间短，数量多。排水不良的低洼地或偏施氮肥或霜害、冻害条件下，发病重。

（3）防治方法：着重加强栽培管理，清除越冬菌源，选用抗病品种，辅以药剂防治。

①清田选种：采用轮作和深翻留种田灭菌；处理病残株和减少收获时遗落菌核量；留种要注意清选种子，以剔除种子中夹杂的菌核。在播前还可用10%～15%的盐水水选种，能漂浮汰除绝大部分的菌核，选种后需立即用清水冲洗，以免影响发芽。

②加强田间管理：种株合理密植，改善栽培田环境和巧施磷肥，培育壮苗，提高植株抗病力。要注意合理密植、通风透光外，在春季多雨情况下，应适时清沟防渍，降低田间湿度。及时摘除病叶、病果、病枝等。

③化学防治：预防用1∶2的草木灰、熟石灰混合粉，撒于根部四周，每亩30千克；在始花期，用65%甲霜灵WP1000～1500倍液，70%甲基托布津、50%多菌灵或40%纹枯利可湿性粉剂1000倍液，0.2%～0.3%波尔多液或13波美度石硫合剂喷洒植株茎基部、老叶和地面上，在病发初期开始用药，40%菌核净1500～2000倍液，或50%腐霉利1000～1200倍液。每隔7～10天1次，连续喷药2～3次。发病中前期防治用20%硅唑咪鲜胺30毫升+恶霜菌酯25毫升，兑水15千克水，5～7天用药1次，连用2～3次。

二、虫害防治

为害桔梗的虫害种类很多，主要有蛴螬、金针虫、小地老虎、蝼蛄、红蜘蛛、蚜虫、根结线虫、大青叶蝉、根螨等。

1. 蛴螬

蛴螬是金龟甲的幼虫，别名老母虫、核桃虫。成虫通称为金龟子，食量很大，是桔梗危害最大的地下害虫。

（1）形态特征

①成虫（图4-3）：成虫体长24～30毫米，体宽13.5～14.5毫米。体色赤褐色，翅有云状白斑分布，头部有粗大刻点及皱纹，密生淡褐色及白色鳞片。成虫昼伏夜出，于黄昏时开始出土活动，出土后即觅偶交配，交配结束后，雌虫即潜入土中，雄虫则到处飞翔。雄虫上灯一夜有2次高峰，一为黄昏后，二为午夜1～2点，黎明前飞离灯光，潜入土中。

图4-3　蛴螬

②卵：刚产下的卵为白色，略呈椭圆形，直径为3.8～4.9毫米，表面光滑，密布花纹。孵化始期为7月中旬，盛期为7月下旬。

③幼虫：幼虫乳白色，头部橙黄色，身体肥胖呈马蹄表，体长48～58毫米，有许多皱褶，密生棕褐色细毛。

④蛹：田间大量化蛹、大量出现的时间为6月中旬。其蛹体在土壤中的深度一般距地表15～20厘米处。踊长32～35毫米，宽15～16毫米，体色呈黄褐色。

（2）危害症状：成虫与幼虫都能为害，以幼虫为害最严重。幼虫是常见的地下害虫，以咬食根为主，也咬食地上茎。成虫主要为害地上部分。

（3）发病规律：幼虫和成虫在土内20～40厘米处越冬。越冬成虫为第二年4月中旬早期出土成虫；越冬幼虫春季不上移危害，于4月中旬开始化蛹，5月上旬开始羽化。成虫发生期从5月中下旬开始，6月中旬进入盛期，7月底8月初结束。

（4）防治方法

①傍晚、晚上用灯光诱杀成虫。

②发病期间，用90%晶体敌百虫1000倍液或75%辛硫磷700倍液浇灌。

③用25克氯丹乳油拌炒香的麦麸5千克加适量水配成毒饵，于傍晚撒于植株附近诱杀。

2. 金针虫

金针虫是叩头虫的幼虫，危害桔梗的根部、茎基，取食有机质。

（1）形态特征

①成虫（图4-4）：雌成虫体长为16～17毫米，体宽为4～5毫米，为浓栗色，体表密生金黄色细毛；鞘翅长约为前胸的4

图4-4　金针虫成虫

倍，后翅退化。雄成虫体长为14～18毫米，体宽为3.5毫米；鞘翅长约为前胸的5倍，后翅发达能飞。

②卵：椭圆形，长宽约为0.7毫米×0.6毫米，乳白色。

③幼虫：老熟幼虫体长为20～30毫米，体节宽大于长，体宽而略扁平，金黄色，被金黄色细毛；头扁平，头前部及口器暗褐色；体每节背正中有一细纵沟，尾节黄褐色，端部分2叉，末端稍向上弯，叉内各有1个小齿；足3对，大小相等。

④蛹：长纺锤形，黄色至褐色，雌蛹体长为16～22毫米；雄蛹体长为15～19毫米。

（2）危害症状：春秋两季为害高峰，以春季最为严重。危害桔梗植株地上部分，取食发芽种子，也危害根部，引起缺苗、根部腐烂和植株枯死。

（3）发病规律：3～4月成虫出土活动，交尾后产卵于土中。幼虫孵化后一直在土内活动取食。

（4）防治方法

①定植前土壤处理，每亩可用48%地蛆灵乳油200毫升，拌细土10千克撒在种植沟内，也可将农药与农家肥拌匀施入。

②用50%辛硫磷、48%乐斯本或48%天达毒死蜱、48%地蛆灵拌种，药剂：水：种子比例为1：(30～40)：(400～500)。

③用48%地蛆灵乳油每亩200～250克，50%辛硫磷乳油每亩200～250克，加水10倍，喷于25～30千克细土上拌匀成毒土，顺垄条施，随即浅锄；用5%甲基毒死蜱颗粒剂每亩2～3千克拌细土25～30千克成毒土；或用5%甲基毒死蜱颗粒剂、5%辛硫磷颗粒剂每亩2.5～3千克处理土壤。

3. 小地老虎

小地老虎常危害多种作物的幼苗，也是桔梗的主要害虫。

（1）形态特征：小地老虎成虫（图4-5）是一种灰褐色的

蛾子，体长17～23毫米，翅展40～54毫米，前翅棕褐色，有两对横线，并有黑色圆形纹、肾形纹各一个，在肾形纹外，有一个三角形的斑点。雄蛾触角为栉齿状，雌蛾触角为丝状。小地老虎幼虫体较大，长50～55毫米，黑褐色稍带黄色，体表密布黑色小颗粒突起。腹部末端肛上板有一对明显的黑纹。

图4-5 小地老虎

（2）危害症状：常从地面咬断幼苗并拖入洞内继续咬食，或咬食未出土的幼芽，造成断苗缺株。当桔梗植株基部硬化或天气潮湿时，也能咬食分枝的幼嫩枝叶。

（3）发病规律：1年发生4代，以老熟幼虫和蛹在土内越冬。成虫白天潜伏在土缝、枯叶下、杂草里，晚上外出活动，有强烈趋光性。卵散产于土缝、落叶、杂草等处。幼虫共6龄，少数有7～8龄，有假死性，在食料不足时能迁移，幼虫3龄后白天潜伏在表土下，夜间活动为害。第1代幼虫4月下旬至5月上旬发生，苗期桔梗受害较重。

（4）防治方法

①3～4月间清除田间周围杂草和枯枝落叶，消灭越冬幼虫

和蛹。

②清晨日出之前，检查田间，发现新被害苗附近土面有小孔，立即挖土捕杀幼虫。

③幼虫期每亩用炒香豆饼粉（或麦麸）1千克，加敌百虫35克，与水搅匀，撒于苗眼儿，效果理想。也可用90%敌百虫1000倍液浇穴。

4. 蝼蛄

蝼蛄俗名叫拉拉蛄、拉蛄、土狗子等。

（1）形态特征：蝼蛄成虫（图4-6）体黄褐色，全身有黄褐色细毛，头顶有一对触角。卵圆形。若虫形态近似成虫，初孵若虫无翅。

图4-6　蝼蛄

（2）危害症状：以成虫和若虫在土中咬食刚播下的种用球茎（尤其是刚发芽的球芽），也咬食幼根和嫩茎，造成桔梗缺苗断垄。并在表土层穿行时，形成很多隧道，致使种子不能发芽或幼苗失水枯死。

（3）发病规律：蝼蛄以成虫和若虫取食危害，并在土壤内做土室越冬。待20厘米深处地温达到8℃时开始活动，温度在26℃以上时，转入土壤深层基本不再活动。因此，蝼蛄以春季和秋季危害严重。

华北蝼蛄多生活在轻碱土壤内，产卵于15～30厘米深的土壤卵室内，一头雌虫可产卵80～800粒。非洲蝼蛄多生活在沿河或渠道附近，在5～20厘米深土壤中做长椭圆形的卵室产卵，每头雌虫可产卵60～80粒，产卵后离开卵室，卵室口常用杂草堵塞，以利隐蔽、通气和卵孵化后若虫外出。两种蝼蛄成虫的趋光性比较强，夜间活动最盛，对香甜物质、马粪、牛粪等未腐熟有机质具有趋性。

（4）防治方法

①合理施肥，不使用未腐熟的厩肥，防草治虫，可以消灭部分虫卵和早春杂草寄主。

②按糖、醋、酒、水为3∶4∶1∶2的比例，加硫酸烟碱或苦楝子发酵液，或用杨树枝把或泡桐叶，诱杀成虫。

③在桔梗幼苗出土以前，可采集新鲜杂草或泡桐叶于傍晚时堆放在地上，诱出已入土的幼虫消灭之，对于高龄幼虫，可在每天早晨到田间，扒开新被害桔梗周围的土，捕捉幼虫杀死。

④把麦麸或磨碎的豆饼、豆渣炒香后，用90%敌百虫晶体、40%氧化乐果，亩施毒饵2.0～2.5千克，在黄昏时将毒饵均匀撒在地面上，于播种后或幼苗出土后洒施。

⑤3龄以前用2.5%的敌百虫粉喷洒，亩用药量2～2.5千克。也可喷洒90%敌百虫或50%地亚农1000倍液。如防治失时，可用50%地亚农或50%辛硫磷乳剂亩用药量0.2～0.25千克，加水500～7500千克顺垄灌根。

5. 红蜘蛛

（1）红蜘蛛（图4-7）为螨类害虫，为害桔梗的是棉红蜘蛛，也是桔梗的主要害虫。

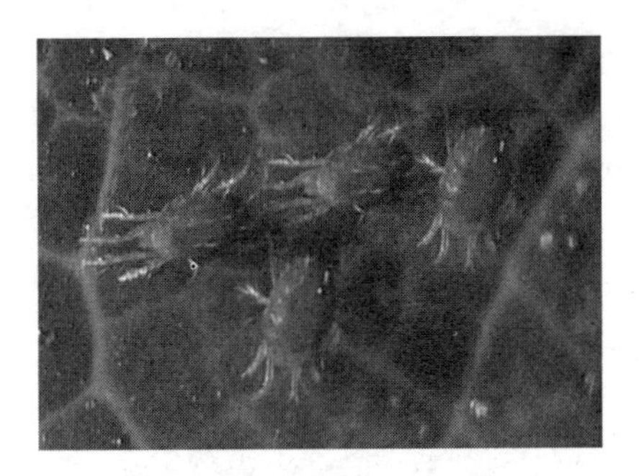

图4-7　红蜘蛛（放大图）

（2）危害症状：以成虫、若虫群集于叶背吸食汁液，并拉丝结网，危害叶片和嫩梢，使叶片变黄，最后脱落；花果受害后造成萎缩、干瘪，蔓延迅速，危害严重，以秋季天旱时为甚。

（3）发病规律：红蜘蛛一年可发生10～20代，夏季高温时节平均气温在26℃以上时，完成一代只需7～8天。以成虫越冬，来年3月中旬开始活动，10月下旬开始转移到土缝、树皮下成群团聚蛰伏。红蜘蛛喜高温干旱条件，繁殖能力很强，1头雌虫日产圆形卵6～8粒，产卵期14～36天，卵散产于叶片背面。成虫有吐丝结网习性，群体数量大时，常吐丝下垂，随风传播。

（4）防治方法

①冬季清园，拾净枯枝落叶，并集中烧毁。清园后喷1～2波美度石硫合剂。

①4月开始喷0.2～0.3波美度石硫合剂，或50%杀螟松1000～2000倍液。每周1次，连续数次。

6. 蚜虫

蚜虫（又名腻虫），是危害桔梗最普通的虫害之一。

（1）形态特征

①成虫（图4-8）：分有翅和无翅两种。有翅蚜体长

1.6～2.1毫米，体色有绿、黄绿、褐或赤褐色，头胸部黑色，额瘤显著，胸、触角、足的端部和腹管细长、圆柱形。无翅蚜虫体长1.4～2毫米，绿色或红褐色，触角鞭状，足基部淡褐色，其余部分黑色，尾片粗大，绿色。

图4-8　蚜虫

②卵：长圆形，初为绿色后变黑色，长1毫米左右。

③若虫：若虫近似无翅胎生雌蚜，体较小，淡绿或淡红色。

（2）危害症状：蚜虫等在桔梗嫩叶、新梢上吸取汁液，致使桔梗叶片发黄，植株萎缩，生长不良。

（3）发病规律：4～6月为害最烈，6月以后气温升高，雨水增多，蚜虫量减少，至8月虫口增加。随后因气候条件不适，产生有翅胎生蚜，迁飞到其他植物寄主上越冬。

（4）防治方法

①清除田间杂草，减少越冬虫口密度。

②喷洒50%敌敌畏1000～1500倍液，或40%乐果1500～2000倍液，连喷多次，直至杀灭。

7. 大青叶蝉

大青叶蝉又名大青叶跳蝉，分布很广，国内各省（区）皆有分布，成虫、若虫主要危害叶片。

（1）形态特征

①成虫（图4-9）：体长7.2～10.1毫米，青绿色，其中头冠、前胸背板与小盾片淡黄绿色。头冠中域有1对不规则黑斑，颜面侧区亦具黑色的斑纹。前翅绿色，雌虫绿中带蓝，颜色较雄虫深，前缘淡白，端部透明。

图4-9　大青叶蝉

②卵：白色微黄，香蕉形，长1.6毫米，宽0.4毫米，中部稍弯曲，表面光滑。

③若虫：1、2龄体若虫色灰白而微带黄绿色，头冠部皆有黑色斑点，3龄若虫胸腹部背面出现4条暗褐色纵纹，并出现翅芽，4、5龄若虫翅芽较长，并出现生殖节片。

（2）危害症状：成虫、若虫主要危害叶片，但一般数量较少，危害较轻。

（3）发病规律：在长江流域每年可发生3～5代，以卵在其寄主枝条或杂草茎秆组织中越冬。第2年4月中旬至5月初，越冬卵孵化为若虫，并取食为害。6月上中旬以后数量增殖较快，此阶段，江南桔梗产区开始受害。接着7月、8月、9月三个月为严重为害期，10月份以后产卵越冬。

大青叶蝉成虫趋光性强，善跳跃，成虫羽化后经20天开始产卵，卵产于叶背主脉及茎秆组织中，卵痕半月形，卵块状，每块卵7～8粒，每只雌虫可产卵6～8块。若虫性喜群集，常栖息、活动于叶背和嫩茎上。

（4）防治方法

①清除药材园内及周围杂草，减少越冬虫源基数。

②药剂防治：可用20%杀灭菊酯3000倍液，或50%杀螟松1000～1500倍液，或50%敌敌畏1000倍液，或40%乐果乳油1000倍液进行叶面喷雾。

8. 拟地甲

拟地甲又名叫沙潜，我国大部分地区均有分布。

（1）形态特征

①成虫（图4-10）：拟地甲雌成虫体长7.2～8.6毫米，宽3.8～4.6毫米；雄成虫体长6.4～8.7毫米，宽3.3～4.8毫米。成虫羽化初期乳白色，逐渐加深，最后全体呈黑色略带褐色，一般鞘翅上都附有泥土，因此外观成灰色。虫体椭圆形，头部较扁，背面似铲状，复眼黑色在头部下方。前胸发达，前缘呈半月形，其上密生点刻如细沙状。鞘翅近长方形，其前缘向下

图4-10　拟地甲

弯曲将腹部包住，故有翅不能飞翔。鞘翅上有7条隆起的纵线，每条纵线两侧有突起5～8个，形成网格状。前、中、后足各有距2个，足上生有黄色细毛。腹部背板黄褐色，腹部腹面可见5节，末端第2节甚小。

②卵：椭圆形，乳白色，表面光滑，长1.2～1.5毫米，宽0.7～0.9毫米。初孵幼虫体长2.8～3.6毫米，乳白色；老熟幼虫体长15～18.3毫米，体细长与金针虫相似，深灰黄色，背板色深。足3对，前足发达，为中、后足长度的1.3倍。腹部末节小，纺锤形，背板前部稍突起成一横沟，前部有褐色钩形纹1对，末端中央有隆起的褐色部分，边缘共有刚毛12根，末端中央有4根，两侧各排列4根。

③蛹：长6.8～8.7毫米，宽3.1～4毫米。裸蛹，乳白色并略带灰白，羽化前深黄褐色。腹部末端有2钩刺。

（2）危害症状：拟地甲成虫在春天喜食桔梗花苗期幼嫩的茎叶，成株期群集在根茎处啃食寄主的皮层。幼虫为害刚播下的种子或未出土的嫩芽及刚出土的幼苗，造成桔梗花幼苗枯萎，以致死亡，造成缺苗断垄。

（3）发病规律：拟地甲在东北、华北地区年发生1代，以成虫在土中、土缝、洞穴和枯枝落叶下越冬。翌春3月下旬杂草发芽时，成虫大量出土，取食桔梗花的嫩芽，并随即在桔梗花苗圃地为害桔梗花幼苗。成虫在3～4月活动期间交配，交配后1～2天产卵，卵产于1～4厘米表土中。幼虫孵化后，即在表土层取食幼苗嫩茎嫩根，幼虫6～7龄，历期25～40天，具假死习性。6～7月份幼虫老熟后，在5～8厘米深处做土室化蛹，蛹期7～11天。成虫羽化后，多在作物和杂草根部越夏，秋季向外转移，为害秋苗。拟地甲性喜干燥，一般发生在旱地或较黏性土壤中。成虫只能爬行，假死性特强。成虫寿命较长，最长的能跨越4个年度，连续3年都能产卵，且孤雌后代成虫仍能进行孤雌生殖。

（4）防治方法：3～4月份为成虫交尾期，5月份为幼虫期。发生期用90%敌百虫800倍液，或50%辛硫磷1000倍液喷杀。

9. 根结线虫

危害桔梗的根结线虫为根腐线虫和草地线虫，这两种线虫严重危害桔梗，以前者危害更严重，分布也较广泛。

（1）形态特征：桔梗根结线虫属线形动物门异皮科根结线虫属。雌雄异型。雌成虫头尖腹圆，呈鸭梨形，内藏大量虫卵或幼虫，不形成坚硬胞囊。生殖孔位于虫体末端，每个雌虫可以产卵300～600粒。雄成虫细长呈蠕虫状，尾稍圆，无色透明。卵长椭圆形，少数为肾脏形。幼虫无色透明，形如雄虫，但比雄虫体形要小得多。

（2）危害症状：根结线虫主要损害根部，以侧根和须根受害较重。在侧根和须根上形成许多大小不等的瘤状物，即虫瘿。剖开虫瘿，能够看到无色透明的小粒（雌线虫）。因为根部受害，影响吸收机能，地上部生长发育受阻，表现为生长瘦弱或黄化，引起早衰，遇干旱易死亡。桔梗受根结线虫损害之后，经常又引起根腐生菌的侵染，使根瘤部位涌现糜烂。严重时，能够发展成全部根系糜烂，造成病株死亡。

（3）发病规律：根结线虫以病根或卵囊团留存于土壤中越冬，病土是病害的主要侵染来源。春季破卵而出的2龄幼虫侵入幼根，固定其内寄生，刺激寄主细胞过度分裂形成瘤肿。幼虫经过第4次蜕皮发育成形态各异的成虫。雌虫交配或不经交配产卵，卵可以直接孵化或越冬后春天孵化，孵化出的幼虫，迁移到邻近的根上，又引起新的侵染。在适宜的温度（27～30℃）下，完成1代只要17天左右，1年可发生好几代。病土的转运，包括雨水、灌溉水、农具和人畜等的携带以及病苗的移栽是线虫传播的主要途径。

根结线虫为好气性动物。根结线虫的虫瘿大多分布在土壤的表层，尤以表层3～10厘米处最多，凡地势高，干燥，结构疏松，含盐量低，呈中性反应的沙质土壤，适合其幼虫活动，因而发病重。连作有利于根结线虫危害，年限愈长，发病愈重。肥料不足，长势差，遇干旱地上部病状表现加快。

（4）防治方法

①与其他作物轮作。

②整地时进行土壤消毒处理。

③病地栽苗时，施5%克线磷颗粒剂（每亩4～5千克）。也可在栽种前1个月用D-D混剂（每亩30～40千克），80%棉隆可湿性粉剂（每亩1.5千克）或80%二溴氯丙烷乳油（每亩1～1.5千克）等药剂处理土壤。

10. 根螨

取食桔根的块根的螨类称为根螨。

（1）形态特征

①成螨：雌螨体长0.58～0.87毫米，卵圆形，白色发亮。螯肢和附肢浅褐色；前足体板近长方形；后缘不平直；基节上毛粗大，马刀形。雄螨体长0.57～0.8毫米。体色和特征相似于雌螨，阴茎呈圆筒形。跗节爪大而粗，基部有一根圆锥形刺。

②卵：长0.2毫米，椭圆形，乳白色半透明。

③若螨：体长0.2～0.3毫米，体形与成螨相似，颚体和足色浅，胴体呈白色。

（2）危害症状：生长初期，该螨群聚于桔梗根基部为害；在中、后期，害螨进入茎秆基部取食为害，造成茎秆细胞组织坏死、变褐、腐烂，茎基部变软，地上部叶片从下向上变黄、脱落；后期只剩茎秆纤维，植株倒伏。

（3）发病规律：该螨年发生9～18代，主要是以成螨在病部及土壤中越冬，尤其是腐烂的球茎残瓣中最多。该螨喜高温高湿的环境，在适宜的条件下繁殖快。雌螨交配后1～3天开始产卵，卵期3～5天。1龄和3龄若螨期，遇到不适条件时，出现体形变小的活动化播体。若螨和成螨开始多在块根周围活动为害，当球茎腐烂，便集中于腐烂处取食。该螨既有寄生性也有腐生性，有很强的携带腐烂病菌和镰刀菌的能力。干旱对其生存繁殖不利。在16～26℃和高湿环境下活动最强，造成的伤口为真菌、细菌和其他有害生物侵入提供了条件。

（4）防治方法

①种植前对土壤进行深耕、晒田，避免重茬。采后的残体要集中堆放，集中处理，最大限度地消灭害螨。

②用20%氰戊菊酯与40%辛硫磷混合（1∶9），每亩200～250毫升拌湿润的细土，翻耕后撒入田内，然后整地种植。

③4月上、中旬用20%扫螨净可湿性粉剂3000倍液或40%水胺硫磷乳油1/500倍液加5%菌毒清水剂300倍液或50%敌克松可湿性粉剂700倍液根部浇灌。根部浇灌需在晴天或阴天土壤不积水时进行，且淋施前需锄松表土层，否则，效果差，且影响桔梗正常生长。浇灌2～3次，每次间隔15～20天。

第三节　气象灾害后的管理措施

气象灾害是指农业生产过程中导致作物显著减产的不利天气或气候异常的总称，气象灾害中危害最大的是干旱和涝害等。因此，在农业生产中，要从多方面尽量减少农业气象造成的损失。

一、干旱

干旱是指长期降水偏少，空气干燥，土壤缺水，使农作物体内水分发生亏缺，影响正常生长发育而减产的农业气象灾害。

1. 干旱的类型

（1）按干旱发生成因，可分为土壤干旱、大气干旱和生理干旱。

①土壤干旱：由于土壤水分亏缺，作物的根系难以从土壤中吸收到足够的水分去补偿蒸腾的消耗，从而引起作物体内水分平衡失调的现象。

②大气干旱：由于土壤高温、低湿并有一定的风力，使作物的蒸腾作用加剧，根部吸收的水分不能满足蒸腾水分的消耗，引起作物体内水分平衡失调而造成作物光合作用强度降低或灌溉过程受阻的现象。

③生理干旱：在土壤的水分不亏缺时，因土壤环境因素不利或农业技术措施不当而引起的作物体内水分平衡失调的现象。其主要原因有土温过低或过高、土壤通气状况不良导致氧气不足、土中溶液的盐分浓度过高、土壤过湿、施化肥过多等。

（2）按干旱发生季节，可分为春旱、夏旱、秋旱和冬旱。

①春旱（3～5月）：其特点是低湿、缺雨或少雨、气温不高，并伴有使土壤变干的冷风。主要影响春播及小麦的生长。

②夏旱（7～8月）：其特点是太阳辐射强、高温低湿、蒸发和蒸腾量大。此时正是作物生育旺盛期，因此对作物危害较大。

③秋旱（8月下旬～9月下旬）：其特点同于夏旱，但强度稍小。秋旱对秋作物灌浆及秋播影响很大。

④冬旱：其特点是降水少、多西北大风、低温低湿。

2. 干旱的危害

干旱的直接危害是造成农牧业减产，人畜饮水发生困难；

干旱的间接危害是引发其他自然灾害的发生。

3. 干旱发生后桔梗的管理

（1）耕作保墒：整地作畦时，尽可能地深耕，以增加活土层厚度，加大土壤透水性和蓄水量，既可更好地储蓄与利用自然降水，又可促进农作物的根系发育和提高土壤水分的利用功能。

（2）适当浇水：有浇水条件的种植地块可进行灌溉，通过蒸发散热降温，但要避免在午后高温时浇水，最好是早晚进行，以利于桔梗正常生长。

（3）使用叶面肥：适当使用叶面肥可增加桔梗吸水、保水能力，增强抗旱能力。

（4）补施肥料、防病治虫：干旱后易发生蚜虫的虫害，要注意防治，以使桔梗及时恢复生机。

（5）在9月底至10月初，每亩喷施100～200毫升乙烯利，可有效地促进桔梗种子早熟。

二、涝害

涝害是雨量过大或过于集中，造成农田积水而使作物受到危害。

1. 涝害的类型

涝害按发生季节，可分为春涝、夏涝和秋涝。

（1）春涝（或春夏涝）以湿害为主，易引起桔梗烂根、早衰和病虫害流行。

（2）夏涝以洪水为主，影响桔梗生长或使植株死亡。

（3）秋涝（或夏秋涝）时，涝害和湿害均有发生，对桔梗的生长发育和产量影响较大。

2．涝害的危害

涝害可造成经济损失、水源污染、食品污染、蚊虫滋生、蝇类滋生、鼠类接触增多、传染病流行等。

3. 洪涝害后桔梗的管理

（1）整理沟畦，培土壅根：由于灾害，桔梗田沟畦遭到了破坏，所以在退水后，凡是能恢复生长的田块，应及时修复沟畦，开沟覆土，培土壅根。

（2）中耕除草，破除板结：桔梗田受淹后，土壤容易板结，及时中耕，可以散去多余的水分，提高土壤通透性，帮助根系恢复生长。桔梗田由于长期受阴雨影响，杂草丛生，与桔梗争夺养分，不利于桔梗生长，所以，要结合中耕进行除草，要求浅锄，除净杂草。

（3）施肥管理：露地桔梗结合中耕进行根外追肥，一般每亩追施速效尿素5～10千克。有条件的，要注意增施一定量的钙肥，促进蒴果膨大。

（4）病害防治：高温、田间湿度大，容易引发桔梗锈病和叶斑病，因此要注意防治。防治时，10～15天后重复施药一次，效果更佳。

（5）控制虫害：涝害后对地下害虫孵化和初孵幼虫成活生长有利，因此要注意防治。

第五章　贮藏与产地加工

桔梗采收后，除少数鲜用外，绝大多数均需在产地及时进行加工。

第一节　出口鲜桔梗的加工

桔梗作为不去皮的鲜货出口，通常要保证其在运输、贮藏期间不发生霉烂，到岸时新鲜。因此，除了保证加工过程中清洗干净、不伤及表皮外，在装箱运输途中，对温度、湿度的控制也有严格的要求，控制由温、湿度引起的霉烂；同时控制由锈腐病、根腐病等寄生菌引起的鲜桔梗在贮运过程中霉烂。在挑选、分级的过程中把好质量关，将有病症的桔梗剔出。

出口桔梗的包装采用带孔的纸箱（图5–1），保证良好的通透性和吸湿性。同时，根据不同的季节变化，对于温、湿度进

图5–1　出口桔梗的包装

行不同的控制，如温度高时，可将洗净的桔梗摊开，自然散尽表皮的水分，然后进行挑选、分级、装箱。

4～10月，为防止较高温的不利影响，运输时采用5～7℃保温集装箱进行保存，在这种温度下贮藏2个月，桔梗仍能保持新鲜。其他月份，室内温度较低，就可启用鼓风机，加快空气流通速度，必要时放在温度为（24±1）℃的烘干机内，以烘尽其表面水分为度。

第二节　药用桔梗的加工与出售

药材从采收到病人服用前，中间需经过若干不同的处理，这些处理通常被笼统称为“加工”或“加工炮制”。但实际上加工与炮制是不同的概念，它们的目的、任务、措施、时间和地点都有较大的差别。凡在产地对药材的初步处理与干燥，称之为“产地加工”或“初加工”，是将鲜品通过干燥等措施，使之成为“药材”。药房、药店、饮片厂、制药厂或病人对药材进行的再处理，则称为“炮制”，是将药材进行再加工，使之成为直接提供病人服用的药品。

一、桔梗干燥全体的加工

作为药材使用的桔梗，必须去皮、干燥。干燥的目的是及时除去鲜药材中的大量水分，避免发霉、虫蛀以及活性成分的分解和破坏，保证药材的质量，有利于贮藏。

1. 加工场地

加工场地应就地设置，周围环境应宽敞、洁净、通风良好，并应设置工作棚（防晒、防雨）及除湿设备。

2. 工艺流程

去皮→晒干。

3. 操作方法

采收的桔梗要在采收后尽快加工。

（1）去皮：头天挖起的桔梗，第2天先将泥土洗净，去掉须根，用碎碗片或竹刀刮去外皮，亦可用湿麻袋片用手捋去或用去皮机去皮。刮粗皮时，注意不要伤破中皮，以免内心黄汁流出，影响质量，粗皮去掉后用清水洗净。

（2）晒干：刮皮后应及时自然晾晒，以免发霉变质和生锈色。晒干时经常翻动，到近干时堆起来发汗一天，使内部水分转移到体外，再晒至全干。阴雨天可用火炕，炕至桔梗出水时，出炕摊晾，待回润再炕至全干。有条件者，可选用烘干设备进行烘干。

桔梗收回太多，加工不完，可用沙埋起来，防止外皮干燥收缩，不易刮去，但不要长时间放置，以免根皮难刮。

4. 规格标准

药用桔梗（图5–2）按长短粗细分规格等级。按南北产区划分，桔梗可分南桔梗和北桔梗。

图5–2　药用桔梗

（1）南桔梗：南桔梗分三等，要求干货呈顺直长条形或纺锤形，去净粗皮及细梢。表面白色，体坚实。断面皮层白色，中间淡黄色。味甘、苦、辛。无杂质、虫蛀、霉变。

一等品：上部直径1.4厘米以上，长14厘米以上。

二等品：上部直径1厘米以上，长12厘米以上。

三等品：上部直径不小于0.5厘米，长不低于7厘米。

（2）北桔梗：北桔梗为统货，呈纺锤形或圆柱形，多细长弯曲，有分支。去净粗皮，表面白色或淡黄色，体松泡。断面皮层白色，中间淡黄色。味甘。大小长短不分，上部直径不小于0.5厘米。无杂质、虫变、霉变。

（3）出口商品：出口商品分五个等级。

一等：身干洁白，打梢去岔，长12.5～25厘米，尾部围粗3～3.8厘米，头围粗4.9～6.5厘米。

二等：身干洁白，打梢去岔，长11.5～17厘米，尾部围粗2.6～2.8厘米，头围粗4.5～4.7厘米。

三等：身干洁白，长9～14厘米，尾部围粗1.8～2.6厘米，头围粗2.8～3.4厘米。

四等：身干洁白，长8～13厘米，尾部围粗1.2～2.2厘米，头围粗2.8～3.4厘米。

五等（桔梗碎）：身尾碎段，无泥土、杂质、碎末。

5. 包装

（1）包装方法：桔梗用布袋、细密麻袋、无毒聚氯乙烯袋等包装，每件30千克，或压缩打包件，每件50千克。桔梗应贮于干燥通风处，温度在30℃以下，相对湿度70%～75%，商品安全水分为11%～13%。

因桔梗易虫蛀、发霉、变色和泛油，所以贮藏期间应定期检查，若发现吸潮或轻度霉变、虫蛀，要及时晾晒，或用磷化铝熏杀。有条件的地方，可密封抽氧充氮养护，效果更佳。

（2）注意事项

①包装环境条件良好，卫生安全。

②包装人员必须有较强责任心。患有传染病、皮肤病或外伤性疾病者不得参加工作。

③包装前，应再次检查、清除劣质品及异物。包装材料最好是新的或清洗干净、干燥、无破损的。

二、桔梗片的加工

种植者可以将长相稍差的桔梗加工成桔梗片（图5-3）。

图5-3　桔梗片

1. 主要设备

去皮设备、洗涤槽、中药切片机、离心机、干燥机。

2. 工艺流程

选料→洗涤去皮→切片→离心干燥→包装→成品。

3. 操作方法

（1）选料：选择新鲜、无腐烂变质的桔梗。

（2）洗涤去皮：将桔梗放入洗涤槽中，打开高压喷淋水，清洗干净桔梗上的泥土，再将桔梗放入去皮机中，打开注水阀门，关闭出料门，启动去皮机工作，时间2～3分钟。

（3）切片：将去皮后的桔梗用中药切片机切成0.2～3毫米的大圆片、小圆片或斜片。

（4）离心干燥：处理过的桔梗片放入离心机中，甩干表面水分，然后均匀地摊入烘筛，装上烘车，推入干燥机进行干燥，温度控制在100～130℃，时间1～2小时。

（5）分拣包装：将检验合格的桔梗片装入耐高温塑料包装袋中扎口即可。

4. 产品质量标准要求

（1）色白，片整齐，清香无异味，主要营养成分基本不变，无致病细菌。

（2）重金属砷含量≤0.1毫克/千克。

三、药用桔梗的运输与出售

1. 运输

（1）桔梗在运输过程中，所用搬运工具必须洁净卫生，无有毒有害物质，不能对桔梗引入污染。

（2）运载工具应具较好的通气性，以保持干燥。在阴雨天，应严密防雨、防潮。

（3）在运输过程中，合格桔梗不能与不合格桔梗混堆，一起运输。

（4）桔梗不能和有毒的中药材混堆，一起运输。

2. 销售

除在本地药材公司、医院销售外，也可在以下中药材市场出售：

（1）黑龙江省哈尔滨三棵树药材市场；
（2）吉林省抚松县万良镇药材市场；
（3）河北安国药材市场；
（4）广州清平路药材市场；
（5）江西樟树药材市场；
（6）西安万寿路药材市场；
（7）兰州黄河药材市场；
（8）成都荷花池药材市场；
（9）安徽亳州药材市场；
（10）湖北蕲春药材市场；
（11）河南辉县百泉药材市场；
（12）山东省鄄城县舜王城药材市场；
（13）湖南省邵东县廉桥药材市场；
（14）湖南省岳阳花板桥药材市场；
（15）广东省普宁药材市场；
（16）浙江省磐安县药材市场；
（17）广西玉林药材市场；
（18）云南省昆明菊花园药材市场；
（19）重庆市解放路药材市场销售。

第三节　食用桔梗的加工

桔梗除作药用外，其根还可加工成食品。

一、桔梗即食风味菜的加工

1. 工艺流程

原料选择、去皮→清洗→切丝→浸泡、漂洗→漂烫、漂洗

→煮制→沥水→包装→杀菌→成品。

2. 制作方法

（1）原料选择、去皮：选粗细、大小均匀，无霉变、无虫蛀的新鲜桔梗，进行人工去皮或机械去皮处理。

（2）清洗：将选好的原料放入洗涤槽中，用流动清水将其充分洗净，捞出，沥净水分。

（3）切丝：将清洗后的桔梗撕成3毫米×3毫米的丝。

（4）浸泡、漂洗：将桔梗丝放入浓度为亚硫酸氢钠0.1%的浸泡液中浸泡1～2小时后，冲洗干净。

（5）漂烫、漂洗：将浸泡后的桔梗丝放入80～90℃热水中漂烫15分钟，并放入冷水中浸洗5分钟。

（6）煮制：配制一定浓度的煮制液。煮制液由蔗糖35%，柠檬酸0.3%，食盐2%，β-环状糊精0.1%组成。将煮制液加热至沸，桔梗丝倒入其中，煮制75分钟。

（7）沥水：将煮制后的桔梗丝沥干水分。

（8）包装：将沥干水分的桔梗丝，按每袋250克或1000克装袋，或按客户要求包装，勿将杂质留在封口。

（9）真空密封：要求内容物离袋口3～4厘米，一般真空度为0.080～0.095兆帕，抽真空时间为10～20秒，封口加热时间为3～5秒。

（10）杀菌：包装后，送入杀菌釜中进行杀菌处理，而后冷却即成。

（11）装箱：袋装的桔梗丝多用纸箱盛装。

（12）贮藏：再装入纸箱或纤维袋内，置于-1.5～-2℃库中进行贮藏，贮藏期为6个月。

3. 产品质量标准要求

（1）产品金黄色，富有色泽。

（2）有桔梗特有的清香味，稍有苦味，咸辣酸甜适度、协调，质地柔脆，菜丝整齐、均匀，无碎屑。

二、桔梗干丝的加工

1. 工艺流程

原料选择、去皮→清洗→撕丝→浸泡、漂洗→漂烫、漂洗→煮制→沥水→烘干→包装→成品。

2. 制作方法

（1）原料选择、去皮：选粗细、大小均匀，无霉变、无虫蛀的新鲜桔梗，进行人工去皮或机械去皮处理。

（2）清洗：将选好的原料放入洗涤槽中，用流动清水将其充分洗净，捞出，沥净水分。

（3）撕丝：将清洗后的桔梗撕成3毫米×3毫米的丝。

（4）浸泡、漂洗：将桔梗丝放入浓度为亚硫酸氢钠0.1%的浸泡液中浸泡1～2小时后，冲洗干净。

（5）漂烫、漂洗：将浸泡后的桔梗丝放入80～90℃热水中漂烫15分钟，并放入冷水中浸洗5分钟。

（6）煮制：配制一定浓度的煮制液。煮制液由蔗糖35%，柠檬酸0.3%，食盐2%，β-环状糊精0.1%组成。将煮制液加热至沸，桔梗丝倒入其中，煮制75分钟。

（7）沥水：将煮制后的桔梗丝沥干水分。

（8）烘干：当桔梗丝被送入烘烤房后，关闭门窗和通风设施。烘烤开始后，烤房内温度升高，温度宜控制在70～75℃，当室内相对湿度超过70%时，通风10～15分钟；当烤房内相对湿度下降到55%左右时，关闭通风设施，以后以湿度表为依据通风排湿4～5次。采用热风干燥法时，先通蒸汽再开风机，当烘烤室内温度上升到70℃时，须打开排风扇排湿，每隔20～30分钟排湿1次。2小时后视桔梗丝的干湿程度，适当延长排湿时间。烘烤后期桔梗丝水分大部分散失，表面柔软，应继续烘干，直到完全符合要求。

整个烘烤过程中要勤检查、勤翻动，使烘烤的桔梗鳞片受热均匀。烘烤结束后要及时将干片摊开散热，最后再堆放在一起回软通风，使桔梗干片干湿均匀，水分含量低于11%。

烘烤好的成品桔梗丝（图5–4）在烤盘中容易摇动，手感硬脆，掰破时干片中部不发柔，干片折断时有响声。

图5–4　桔梗丝

（9）包装入库：分级后用食品塑膜袋分别包装，每袋重200克或250克，或按客户要求包装。再装入纸箱或纤维袋内，置于干燥通风的室内贮藏，防受潮霉变，防虫蛀鼠咬。

3. *产品质量标准要求*

有桔梗特有的清香味，稍有苦味，质地柔脆，菜丝整齐，均匀无碎屑。

三、桔梗蜜饯的加工

1. 工艺流程

原料选择→清洗→切片→硬化→糖制→干燥→包装。

2. 制作方法

（1）原料选择：选择粗细、大小均匀、无病虫害的新鲜桔梗为原料。

（2）清洗、去皮：将选好的桔梗放入洗涤槽中，用流动清水充分清洗，捞出，沥净水分，进行人工去皮或机械去皮处理。

（3）切片：沥净水分的桔梗用切片机切成3～5毫米的薄片，浸入0.25%左右的亚硫酸氢钠溶液中进行护色处理。

（4）硬化：为提高桔梗片的耐煮性，须对其进行硬化处理。将桔梗片在0.1%的亚硫酸氢钠溶液中浸泡1个小时，再用清水洗去桔梗片上表面残留液。

（5）糖制：采用真空渗糖方法，分2次浸糖。

①配30%的糖液，加入0.2%柠檬酸、0.05%山梨酸钾，加热煮沸，放入桔梗片。把糖水、桔梗片放入真空锅中，抽真空，真空度为0.08～0.09兆帕，时间30分钟，破除真空。浸渍6小时。

②第2次浸糖的糖液浓度为45%，加0.4%柠檬酸、0.05%山梨酸钾。其他方法同①。

（6）烘烤干制

①烘烤温度：将桔梗片沥去多余的糖液，均匀地摆入烘盘中，送入烘房。在58～62℃温度下，干燥14～16小时。

②通风排湿：可根据烘房内相对湿度的高低和外界风力的大小来决定，当烘房内相对湿度超过70%时，就应进行通风排湿。一般通风排湿次数为3～5次，每次时间以15分钟左右为宜。

③倒盘：因烘房内各处的温度不一致，特别是使用烟道加热的烘房中，上部与下部、前部与后部温度相差较多。所以在

烘烤中，除了要注意通风排湿外，还要注意调换烘盘的位置，倒换的次数和时间视产品的干燥情况而定，一般在烘烤过程中倒盘1～2次，可分别在烘烤的中前期和中后期进行。当烘烤至产品含水量16%～20%时，用手摸产品的表面，不粘手时即可出烤房。

（7）包装：将干燥好的桔梗蜜饯放于25℃左右的室内回潮24～36小时，然后进行检验和整修，去掉杂质和碎渣，剔除煮烂、干瘪和色泽不匀的不合格品；用复合塑料袋包装，密封，入库。

3. 产品质量标准要求

（1）感官指标：产品黄色或淡黄色，呈半透明状，脯体饱满；口感柔和，甜酸适口，具有桔梗特有的风味。

（2）理化指标：含糖量44%～47%，总酸0.4%～0.5%，含水量16%～20%。

（3）微生物指标：细菌总数≤700个/克；大肠菌群≤30个/100克；致病菌不得检出。

（4）保质期：保质期为6个月。

四、桔梗脯的加工

1. 工艺流程

原料选择→清洗、去皮→切片→硬化→糖制→干燥→包装→成品。

2. 制作方法

（1）原料选择：选新鲜、肉质饱满、无病虫害的桔梗为原料。

（2）清洗、去皮：桔梗放入洗涤槽中，用流动清水进行充分洗涤，捞出沥净水分，进行人工去皮或机械去皮处理。

（3）切片：用切片机将桔梗切成 3～5厘米厚的薄片，尽可能切的均匀。

（4）硬化：为提高桔梗片的耐煮性，防止桔梗片在糖煮时煮烂，须进行硬化处理，将桔梗片在0.1%的亚硫酸氢钠溶液中浸泡1小时，再用清水洗去桔梗片表面残留液。

（5）糖制：采用真空渗糖方法，分2次浸糖。

第1次配成30%的糖液，加入0.2%柠檬酸、山梨酸钾0.05%，混合糖液加热煮沸，加入桔梗片，注入真空器中，抽真空，真空度为0.08～0.09兆帕，时间30分钟，破除真空，浸渍6小时。

第2次浸糖的糖液浓度为45%，加柠檬酸0.4%、山梨酸钾0.05%，其他方法同第1次。

（6）干燥：将浸糖后的桔梗片沥去多余的糖，置于烘盘上，在60～65℃下烘4～6小时，烘至表面不黏不燥，有透明感时即可。

（7）包装：桔梗片放入室内回软后，剔出煮烂、干缩、严重褐变的不合格品，然后将成品真空软包装，每袋50克。

3. 产品质量标准要求

（1）感官指标：黄色或淡黄色，呈半透明状，脯体饱满；口感柔和，甜酸适口，具有桔梗特有的风味。

（2）理化指标：含糖量为44%～47%，含水量16%～20%，总酸0.4%～0.5%。

（3）微生物指标：细菌总数≤700个/克，大肠杆菌≤30个/100克。致病菌不得检出。

（4）保质期：保持期6个月。

五、桔梗保健饮料的加工

1. 工艺流程

原料选择→清洗、去皮→切片、粉碎→提取、过滤、浓缩→调配→预热、灌装、封盖→杀菌→成品。

2. 制作方法

（1）原料选择：选粗细、大小均匀，无霉变、无虫蛀的新鲜桔梗。

（2）清洗、去皮：将选好的原料放入洗涤槽中，用流动清水将其充分洗净，捞出，沥净水分，进行人工去皮或机械去皮处理。

（3）切片、粉碎：原料去皮后，用切片机切成1～2毫米的薄片，再用粉碎机粉碎成0.3～0.5毫米大小。

（4）提取、过滤、浓缩：按桔梗和酒精（质量/体积）为1∶10的比例加入80%的食用酒精，在80℃下回流提取2小时，然后过滤，残渣用8倍体积的70%酒精在相同温度下提取1小时，过滤。合并滤液，真空浓缩（在温度60℃，真空度0.09兆帕下进行），至完全去除酒精。

（5）调配：按配方调配（总量1000千克）。蔗糖60千克，柠檬酸1千克，β–环状糊精2千克，桔梗提取物2.5千克，食用香精100毫升，其余为水。

（6）预热、灌装、封盖：将调配液预热至80～85℃，趁热灌装，用封罐机封盖。

（7）杀菌、冷却：封好的罐头立即送入杀菌釜中进行杀菌釜中处理，其杀菌公式为：（5’～10’）/100℃，而后冷却即成。

3. 产品质量标准要求

（1）感官指标：产品色泽呈淡黄色；有桔梗应有的滋味；

苦味淡，无异味；汁液澄，允许有少量沉淀。

（2）理化指标：产品含糖6%，酸0.1%，铜≤10毫克/千克，铅≤1.0毫克/千克，砷≤0.5毫克/千克，桔梗皂苷≥0.2%。

（3）微生物的指标：细菌总数≤30个/毫升，大肠杆菌≤30个/100毫升。致病菌不得检出。

（4）保质期：保持期6个月。

六、桔梗食谱

1. 五香桔梗丝

【原料组成】桔梗200克，小黄瓜1/2根，芝麻1小匙，辣椒酱2大匙，醋2大匙，糖2大匙，辣椒粉1小匙，酱油1小匙，麻油1小匙。

【制作方法】

（1）将鲜桔梗洗净，趁鲜时剥去外皮，撕成丝，洗净浸泡；小黄瓜洗净，去头尾切片备用。

（2）将所有材料及调味料充分混合，搅拌均匀至入味即可食用。

2. 桔梗咸菜

以桔梗为原料制作的咸菜（图5-5），香脆可口，深受人们的喜爱，是餐桌上极好的佐菜。

【原料组成】桔梗600克，芝麻35克，盐20克，酱油25克，辣椒粉5克，白砂糖15克，醋35克，大葱25克，姜20克，大蒜20克，香油10克，味精2克。

【制作方法】

（1）将鲜桔梗洗净，趁鲜时剥去外皮，撕成丝，晒干。

（2）将干桔梗放凉水中泡12小时，泡软后捞出。

图5–5　桔梗咸菜

（3）桔梗撕成丝状，再放入凉水内泡12小时，以解除异味，捞出控干水。

（4）将桔梗丝放入盆内，加入盐、酱油、白糖、醋、葱姜末、香油、味精、辣椒粉拌匀。

（5）盖严盖，放阴凉处，腌透即可食用。

3. 桔梗三丝

【原料组成】桔梗100克，黄瓜50克，胡萝卜50克，盐2克，味精1克，香油5克，白砂糖3克。

【制作方法】

（1）将黄瓜、胡萝卜分别洗净，均切成丝。

（2）桔梗根去皮，撕成丝洗净浸泡，和黄瓜丝、胡萝卜丝及调料合在一起拌匀，即可装盘食用。

4. 桔梗黄豆煲猪手

【原料组成】桔梗10克，泡好的黄豆100克，猪手200克，姜10克，奶汤1500克，食盐5克，鸡精3克，糖1克，胡椒粉1克。

【制作方法】

（1）猪手斩件氽水，干桔梗洗净，姜切片待用。

（2）净锅上火，放入奶汤、姜片、猪手、黄豆、桔梗，大火烧开，转小火炖50分钟，调味即成。

5. 桔梗牛杂汤

【原料组成】牛杂200克，桔梗100克，萝卜80克，蕨菜、黄豆芽各30克，葱、姜末各少许，胡椒粉适量，酱油1小匙，蒜泥1／2大匙，色拉油2大匙。

【制作方法】

（1）将牛杂洗净切条，下入沸水中轻焯，捞出冲凉备用。

（2）将桔梗洗净，撕成丝条。

（3）萝卜去皮切块，蕨菜去老根洗净切段。

（4）锅中加2大匙色拉油烧热，加葱姜末、料酒、酱油、桔梗、金钱肚炒至上色，然后倒入清水8杯，放入蕨菜、黄豆芽、萝卜煮10分钟，加胡椒粉调匀入味即可。

6. 银耳桔梗苗

【原料组成】银耳（干）50克，桔梗苗250克，大葱5克，姜5克，盐2克，味精1克，植物油15克。

【制作方法】

（1）将桔梗的嫩苗去杂洗净，水发银耳洗净。

（2）炒锅烧热放油，油热投入葱、姜末，煸香，再投入主料和调料，急速翻炒，断生入味即成。

7. 清炒桔梗苗

【原料组成】桔梗苗300克，盐2克，味精2克，大葱5克，猪油（炼制）15克。

【制作方法】

（1）将嫩桔梗苗去杂洗净，切段待用。

（2）锅置火上，油烧热，下葱花煸香，投入桔梗苗煸炒，加入精盐、味精，出锅装盘即成。

8. 酱桔梗菜

【原料组成】干桔梗丝100克，酱油165克，盐28克，辣椒粉7克，味精1克，白砂糖8克，姜末2克，大蒜末2克。

【制作方法】

（1）将干桔梗丝用清水泡8小时，捞出。

（2）把泡好的桔梗丝捞在筐内压去水85%，取出用手搓，加入辣椒粉、盐，拌均匀加入酱油。

（3）加入其他辅料即可食用。

9. 桔梗花生

【原料组成】桔梗50克，花生100克，黄瓜50克，花椒油、香油、盐、米醋各适量。

【制作方法】

（1）将桔梗去皮，清洗干净，撕成条，用盐开水焯一下，用温水浸泡，再用清水浸洗，捞出控净水分，切成与花生大小一样的丁。

（2）黄瓜洗净，去把，同样切丁。

（3）将花生洗净，放入锅中，加清水和少许大料、花椒、精盐煮熟，再用清水过凉，捞出控净水分。

（4）将桔梗、黄瓜、花生放入净盆中，加入花椒油、香油、盐、米醋，调拌均匀，装入盆中，即可食用。

10. 桔梗炒肉丝

【原料组成】桔梗100克，猪肉200克，酱油、料酒、盐、味精、水淀粉各适量。

【制作方法】

（1）将桔梗择洗干净，用开水焯一下，再用冷水浸洗，捞出控净水分，切成3厘米长的段。

（2）猪肉洗净，切成丝，放入碗中，用少许盐和水淀粉浆匀。

（3）炒锅置火上，加入猪油，油热后下入肉丝煸散，烹入酱油、料酒，投入桔梗煸炒，加入盐、味精，用水淀粉勾芡，炒匀，出锅装盘，即可食用。

11. 腌拌桔梗

【原料组成】桔梗250克，辣椒粉20克，白砂糖10克，盐15克，醋10克，芝麻10克，大蒜10克。

【制作方法】

（1）将桔梗去皮撕成丝，拌入盐揉搓后，用清水反复冲几遍至桔梗干净后，用盐腌入味。

（2）将洗腌过的桔梗挤去水分，放入辣椒面、白糖、醋、盐、芝麻、蒜泥拌匀，装入盘内即成。

12. 沙参桔梗炖鹧鸪

【原料组成】鹧鸪1只，桔梗少许，沙参1条，高汤、盐、味精、鸡精、胡椒粉各适量。

【制作方法】

（1）鹧鸪宰杀洗净，焯净血水。

（2）桔梗开水泡发，沙参涨发，洗净待用。

（3）原料放入高汤中上炉炖2小时，调味即可。

第四节　桔梗验方

中医认为，桔梗味苦、辛，性微温，入肺经，能祛痰止咳，并有宣肺、排脓作用。但下虚及怒气上升者不宜服，阴虚久嗽、气逆及咳血者忌服，胃及十二指肠溃疡者慎用。

1. 肺热咳嗽、痰黄黏稠或干咳难咯

【原料组成】桔梗10克，大米100克。

【制作方法】将桔梗择净，放入锅中，加清水适量，浸泡5～10分钟后，水煎取汁，加大米煮粥，待熟即成。

【服用方法】每日1剂。

2. 慢性咽炎、咽痒不适、干咳

【原料组成】桔梗10克，蜂蜜适量。

【制作方法】将桔梗择净，放入茶杯中，纳入蜂蜜，冲入沸水适量。

【服用方法】浸泡5～10分钟后饮服，每日1剂。

3. 肺痈

【原料组成】桔梗10克，甘草10克。

【制作方法】将二者择净，放入锅中，加清水适量，浸泡5～10分钟后水煎。

【服用方法】每日1剂。

4. 急性支气管炎

【原料组成】冬瓜150克，杏仁10克，桔梗9克，甘草6克，食盐、大蒜、葱、酱油、味精各适量。

【制作方法】将冬瓜洗净、切块，放入锅中，加入食油、食盐煸炒后，加适量清水，下杏仁、桔梗、甘草一并煎煮，至熟后，以食盐、大蒜等调料调味即成。

【服用方法】每日1剂。

5. 春天气候干燥引起的咽喉干燥疼痛、眼睛红赤干涩等

【原料组成】白萝卜1个，生姜3块，百部10克，桔梗6克。

【制作方法】将白萝卜、生姜、百部、桔梗切片置锅内。加水1碗，煮沸20分钟，去渣，加入蜂蜜。

【服用方法】趁热代茶频饮。

6. 没胃口

【原料组成】桔梗、麦冬、冰糖各5克，山楂3颗。

【制作方法】

（1）桔梗洗净切片备用，山楂洗净去掉果核，麦冬用水清洗后沥干备用。

（2）所有材料放入炖盅，加入150毫升水，加盖后隔水小火炖1.5小时，最后调入冰糖即可。

【服用方法】每日1剂。

7. 老年慢性支气管炎

【原料组成】桔梗9克，鲜龙葵30克，甘草3克。

【制作方法】诸药水煎。

【服用方法】每日1剂，分两次服，10日为一个疗程。

8. 急性腰扭伤

【原料组成】桔梗15克，黄酒50克。

【制作方法】桔梗研细末。

【服用方法】用黄酒冲服，每日1次（重者每日2次）。服后卧床休息，使局部微出汗。轻者服药3次，重者服药3次。

9. 急、慢性气管炎

【原料组成】桔梗、杏仁、知母、远志各6克，黄芩9克。

【制作方法】诸药水煎。

【服用方法】每日1剂。

10. 胸膈满闷

【原料组成】桔梗、炙枳壳各30克。

【制作方法】加水煎汤，去渣。

【服用方法】每日1剂，分两次服。

11. 咽炎

【原料组成】桔梗6克，薄荷、牛蒡子各9克，生甘草6克。

【制作方法】诸药水煎。

【服用方法】每日1剂。

附录一　桔梗栽培技术规程

（安徽省地方标准　DB34/T232-2001）

1　范围

本标准规定了桔梗的品种、育苗、定植、定植后的管理、病虫害防治、采收技术基本要求。

本标准适用于桔梗栽培技术规程。

2　品种

选择抗病、根直、分根少、商品性好的优良品种。

3　环境要求

3.1　选地原则

应选择在生态环境良好，无或不受污染源影响或污染物限量控制在允许范围内的农业生产区域。

3.2　产地土壤

以排水良好，土层深厚、土壤质量指标符合表1规定的肥沃、无污染、沙质壤土为宜。

表1　土壤质量指标

项目	浓度限值		
	pH值＜6.5	pH值6.5～7.5	pH值＞7.5
镉（毫克/升）　≤	0.3	0. 3	0.6
汞（毫克/升）　≤	0.3	0.5	1
砷（毫克/升）　≤	40	30	25
铅（毫克/升）　≤	250	300	350
铬（毫克/升）　≤	150	200	250
六六六（毫克/升）　≤	0.5		
滴滴涕（毫克/升）　≤	0.5		

3.3　灌溉水质量要求

产地灌溉水质量应符合表2规定。

表2　产地灌溉水质量指标

项　目		浓度限值
pH值		5.5～8.5
总汞（毫克/升）	≤	0.001
总镉（毫克/升）	≤	0.005
总砷（毫克/升）	≤	0.1
总铅（毫克/升）	≤	0.1
铬（六价）（毫克/升）	≤	0.1
氟化物（毫克/升）	≤	3.0（一般地区）
氰化物（毫克/升）	≤	0.50
氯化物（毫克/升）	≤	250
石油类（毫克/升）	≤	10.0

4　栽培技术

4.1　育苗

4.1.1　苗床

4.1.1.1　苗床选择

苗床应选择光照充足、排水良好、土壤肥沃，使用前30天让茬的非桔梗地。

4.1.1.2　苗床制作

育苗时，以苗床面积与大田面积1∶6的标准准备苗床。苗床土用大田土70%，腐熟有机肥30%，另外每立方苗床土加5千克饼肥、1千克尿素配匀。做成宽1.2～1.3米，床土厚10厘米的苗床。床面上每平方米撒施50%福美双10克。

4.1.2　种子处理

每亩大田桔梗需种子1.5～2千克，播种前将种子在弱光下晾晒3～5小时。

4.1.3　育苗方式

采用撒播育苗。

4.1.4　播种

播种期3月下旬～4月中旬，播种前用温水浸种24小时，或用0.3%高锰酸钾浸种12小时。将种子均匀地撒播在苗床上，覆营养土厚1厘米，轻压，盖上厚5厘米稻草或麦草，浇透水。

4.1.5　苗床管理

水分管理：要始终保持苗床干湿交替，干时要及时浇水，浇则浇透。

覆盖物管理：播种后15天左右即可出苗，80%出苗后要将覆盖的稻草或麦草除去。

4.2　苗期管理

4.2.1　水肥管理

桔梗幼苗弱，生长缓慢，要勤浇水追肥，做到小水勤浇，小肥勤施，施肥以腐熟的有机肥为主，可少量追施复合肥，以促进根的生长。

4.2.2　间苗除草

苗高10厘米时，间苗定苗，间去弱苗、病苗和杂草，保持行株1厘米×1厘米。

4.2.3　病虫害防治

桔梗苗期病虫害较轻，以预防为主。

4.3　定植

4.3.1　定植前准备

4.3.1.1　整地施肥

种植桔梗地块要深耕（30厘米），多耕（4～6次），保持土壤疏松平整。基肥结合耕地施下，先施有机肥，最后施化肥。一般每亩施腐熟有机肥4000～5000千克（或饼肥150千克），三元复合肥15～20千克。

4.3.1.2 根苗准备

次年春季发芽前将苗根掘起，按照根粗细、长短分级，符合商品标准可以直接以商品桔梗出售，同时把病变、根叉分枝多的根苗除去。

4.3.2 定植时间

3月下旬至4月上旬定植。

4.3.3 定植方法

一般按3厘米株距定植，将大小基本一致根苗顺排在沟内定植，上覆土1厘米，浇透一遍定植水。

4.4 定植后的管理

4.4.1 除草

当苗高10厘米左右时，要结合肥水管理，清除田间杂草。

4.4.2 肥水管理

在定植缓苗后和孕蕾开花时各追肥一次，肥料以腐熟的有机肥为主，同时每亩施25千克过磷酸钙，5千克尿素和10千克钾肥。在施肥时结合浇水，浇水要浇透水。旱时要及时浇水。

4.4.3 病虫害防治

病虫害要进行综合治理，采取以农业防治为基础，优先应用生物防治技术，辅以必要的化学方式。

用化学农药防治病虫害，要根据病虫害的发生特点与规律，科学选用高效、低毒、低残留农药 （见表3、表4），适期对症施药，禁用高毒、高残留农药（见表5）。

表3　害虫防治常用农药及施用方法

常用农药	防治对象	稀释倍数	施药方法	施用时期	备注	安全间隔期（天）
50%辛硫磷	蝼蛄	800倍液	浇土	定植前	2～2.5千克液	30
90%敌百虫	地老虎	800倍液	浇土	定植前	2～2.5千克液	15
90%敌百虫	蛴螬	30倍液炒香麦皮	毒饵	定植前或定植时		15
2.5%溴氰菊酯	蟋蟀	3000倍液	喷雾	生长期		15
73%克螨特	茶鳞螨	2000～3000倍液	喷雾	生长期		30
0.2%阿维虫清	红叶螨	2000倍液	喷雾	生长期		
2.5%天王星	红叶螨	3000～5000倍液	喷雾	生长期		14
1.8%阿维菌素	红蜘蛛	30～40毫升/亩	喷雾	生长期		21

表4　病害防治常用药剂

病害名称	常用药种	稀释倍数	施药方法	安全间隔期（天）
灰霉病菌核病	50%乙烯菌核利	800～1000	喷雾	10
	50%扑海因WP	1000		50
	50%速克灵WP	2000		
	65%甲霜灵WP	1000～1500		21
	50%农利灵WP	1000～1500		30
	50%腐霉利WP	1000～1500		
	40%菌核净WP	4000～5000		25

续表

病害名称	常用药种	稀释倍数	施药方法	安全间隔期（天）
线虫病	10%粒满库颗粒剂 3%米乐尔颗粒剂	5千克/亩 1～2千克/亩	沟施	
炭疽病	70%乙膦铝锰锌WP 50%甲基托布津WP	500 800	喷雾	30

表5　桔梗生产禁用农药

种　类	农药名称	禁用原因
无机砷类	砷酸钙、砷酸铅	高毒
有机砷类	甲基砷酸铅、甲基砷酸铁胺、福镁甲砷	高残毒
有机锡类	薯瘟锡、三苯基氯化锡、毒菌锡	高残留
有机汞类	西力生、赛力散	剧毒、高残毒
氟化剂	氯化钙、氯化钠、氟乙酸钠、氟乙酰胺、氟硅酸钠	剧毒、高残留
有机氯杀虫剂	DDT、六六六、林丹、艾氏剂、狄氏剂	高残毒
有机氯杀螨剂	三氯杀螨醇	工业品中含有DDT
卤代烷类熏蒸剂	二溴乙烷、二溴丙烷	致畸、致癌
有机磷杀虫剂	甲拌磷、乙拌磷、久效磷、对硫磷、甲基对硫磷、甲胺磷、甲基异柳硫磷、氧化乐果磷胺	高毒
氨基甲酸酯类	克百威、灭多威、涕灭威	高毒
二甲基脒类杀虫杀螨剂	杀虫脒	慢性毒性、致癌
除草剂	各类除草剂	高残毒
植物生长调节剂	有机合成植物生长调节剂	高残留
取代苯类杀菌剂	五氯硝基苯	致癌、二次药害

5　采收

5.1　采收时间

桔梗生长期2～3年，在初冬地上部分枯死或次年春季发芽前采收。

5.2　采收方法

先割去桔梗的茎，叶和种子等地上部分，挖出根，除去泥土。

5.2.1　药用桔梗洗净去皮、干燥。桔梗外观质量等级指标应符合表6规定，理化指标应符合表7的规定，重金属及其他有害物质限量指标应符合表8规定，农药残留限量指标应符合表9规定。

表6　桔梗外观质量等级指标

项目	指　标		
	选装	原装统	小统
直径（用游标卡尺量根上部最大处直径）	尾部≥0.6		上部<0.6
色泽（通过切片、目测和手握）	表面白色；断面皮层白色，中间淡黄色	表面白色或淡黄白色；断面皮层白色，中间淡黄色	表面白色或淡黄白色；断面皮层白色，中间淡黄色
外观（目测）	呈顺直的长条形，下部渐细，无粗皮及细梢，具纵扭皱沟，并有横长的皮孔样斑痕及支根痕，无杂质、无虫蛀、无霉变、无空心		
气味（通过嗅闻或嘴尝辨别）	气微，味微甜，后苦		

表7　理化指标

项　目	指　标
水分（克/100克）	≤13
总灰分（克/100克）	≤5.0

表8　重金属及其他有害物质限量指标

项　目	指　标
重金属总量（毫克/千克）	≤30.0
砷（以As计）（毫克/千克）	≤2.0
汞（以Hg计）（毫克/千克）	≤0.2
铅（以Pb计）（毫克/千克）	≤5.0
镉（以Cd计）（毫克/千克）	≤0.3
铜（以Cu计）（毫克/千克）	≤20.0
黄曲霉毒素B_1（毫克/千克）	$\leq 5\times10^{-3}$

表9　农药残留限量指标

项　目	指　标
六六六（毫克/千克）	≤0.1
DDT（毫克/千克）	≤0.1
五氯硝基苯（PCNB）（毫克/千克）	≤0.1
注：国家禁用、限用农药从其规定	

5.2.2　菜用，洗净分级。

6　标识、包装、贮藏和运输

6.1　标识

6.1.1　标志

产品包装储运图示按GB/T191规定执行。

6.1.2　标签

产品应附标签，标明产品名称、生产单位名称、详细地址、生产日期、批号、质量等级、保质期或保存期、净含量、产品标准号和商标等内容，标签要醒目、整齐，字迹应清晰、完整、准确。

6.2　包装

6.2.1　包装必须符合牢固、整洁、防潮、美观的要求。

6.2.2　包装材料应符合WM2—2001标准要求。

6.3　贮藏

6.3.1　贮藏仓库要求

仓库清洁无异味，远离有毒、有异味、有污染的物品。

仓库通风、干燥、避光、无直射光、配有除湿装置，并具有防鼠、虫设施。

6.3.2　应存放在货架上，与墙壁保持足够的距离，防止虫蛀、霉变、腐烂等现象发生，并定期检查，发现变质，及时剔除。

6.4　运输

6.4.1　运输工具必须清洁卫生、干燥、无异味，不应与有毒、有异味、有污染的物品混装混运。

6.4.2　运输途中，应防雨、防潮、防暴晒。

附录二　石硫合剂及波尔多液的配制

一、石硫合剂的熬制及使用方法

石硫合剂是一种优良的全能矿物源农药，既杀虫、杀螨又杀菌，既杀卵又杀成虫，且低毒无污染，病虫无抗性，是无公害食品生产推荐使用农药之一。它对螨类、蚧类和白粉病、腐烂病、锈病都有良好的杀灭和防治效果。在众多的杀菌剂中，石硫合剂以其取材方便、价格低廉、效果好、对多种病菌具有抑杀作用等优点，被广大药农所普遍使用。

1. 石硫合剂的熬制

石硫合剂是由生石灰、硫磺和水熬制而成的，三者最佳的比例是1∶2∶10，即生石灰1千克，硫磺2千克，水10千克。熬制时，首先称量好优质生石灰放入锅内，加入少量水使石灰消解。然后加足水量，加温烧开后，滤出渣子，再把事先用少量热水调制好的硫磺糊自锅边慢慢倒入，同时进行搅拌，并记下水位线。然后加火熬煮，沸腾时开始计时（保持沸腾40～60分钟），熬煮中损失的水分要用热水补充，在停火前15分钟加足。当锅中溶液呈深红褐色、渣子呈蓝绿色时，则可停止加热。进行冷却过滤或沉淀后，清液即为石硫合剂母液，用波美比重计测量度数，表示为波美度，一般可达25～30波美度。在缸内澄清3天后吸取清液，装入缸或罐内密封备用，应用时按石硫合剂稀释方法兑水使用。

2. 稀释方法

最简便的稀释方法是重量法和稀释倍数法两种。

（1）重量法：可按下列公式计算

原液需要量（千克）=所需稀释浓度÷原液浓度×所需稀释液量

例如：需配0.5波美度稀释液100千克，需20波美度原液和水量为：

原液需用量=0.5÷20×100=2.5（千克）

即需加水量=100千克－2.5千克=97.5（千克）

（2）稀释倍数法

稀释倍数=原液浓度÷需要浓度－1

例如：欲用25波美度原液配制0.5波美度的药液，稀释倍数为：稀释倍数=25÷0.5－1=49。即取一份（重量）的石硫合剂原液，加49倍重量的水混合均匀，即成0.5波美度的药液。

3. 注意事项

（1）熬制石硫合剂时，必须选用新鲜、洁白、含杂物少而没有风化的块状生石灰；硫磺选用金黄色、经碾碎过筛的粉末，水要用洁净的水。

（2）熬煮过程中火力要大且均匀，始终保持锅内处于沸腾状态，并不断搅拌，这样熬制的药剂质量才能得到保证。

（3）不要用铜器熬煮或贮藏药液，贮藏原液时必须密封，最好在液面上倒入少量煤油，使原液与空气隔绝，避免氧化，这样一般可保存半年左右。

（4）石硫合剂腐蚀力极强，喷药时不要接触皮肤和衣服，如接触应速用清水冲洗干净。

（5）石硫合剂为强碱性，不能与肥皂、波尔多液、松脂合剂及遇碱分解的农药混合使用，以免发生药害或降低药效。

（6）喷雾器用后必须喷洗干净，以免被腐蚀而损坏。

（7）夏季高温（32℃以上）期使用时易发生药害，低温（4℃以下）时使用则药效降低。发芽前一般多用5波美度药液，而发芽后必须降至0.3～0.5波美度。

二、波尔多液的配制及使用方法

波尔多液是用硫酸铜和石灰加水配制而成的一种植物经常使用的预防保护性的无机杀菌剂，一般现配现用。

1. 配制方法

在植物生长前期，多用200～240倍半量式波尔多液（硫酸铜1千克，生石灰0.5千克，水200～240千克）；生长后期，可用200倍等量式波尔多液（硫酸铜1千克，生石灰1千克，水200千克），另加少量黏着剂（10千克药剂加100克皮胶）。配制波尔多液时，硫酸铜和生石灰的质量及这两种物质的混合方法都会影响到波尔多液的质量。配制良好的药剂，所含的颗粒应细小而均匀，沉淀较缓慢，清水层较少；配制不好的波尔多液，沉淀很快，清水层也较多。

配制时，先把硫酸铜和生石灰分别用少量热水化开，用1/3的水配制石灰液，2/3的水配制硫酸铜，充分溶解后过滤并分别倒入两个容器内，然后把硫酸铜倒入石灰乳中；或将硫酸铜、石灰乳液分别在等量的水中溶解，再将两种溶液同时慢慢倒入另一空桶中，边倒边搅（搅拌时应以一个方向，否则易影响硫酸铜与石灰溶液混合和降低药效），即配成天蓝色的波尔多液药液。

2. 注意事项

（1）必须选用洁白成块的生石灰；硫酸铜选用蓝色有光泽、结晶成块的优质品。

（2）配制时不宜用金属器具，尤其不能用铁器，以防止发生化学反应降低药效。喷雾器用后，要及时清洗，以免腐蚀而损坏。

（3）硫酸铜液与石灰乳液温度达到一致时再混合，否则容易产生沉降，降低杀菌力。

（4）药液要现用现配，不可贮藏，同时应在发病前喷用。

（5）波尔多液不能与石硫合剂、退菌特等碱性药液混合使用。喷施石硫合剂和退菌特后，需隔10天左右才能再喷波尔多液。喷波尔多液后，隔20天左右才能喷施石硫合剂、退菌特等农药，否则会发生药害。

（6）波尔多液是一种以预防保护为主的杀菌剂，喷药必须均匀细致。

（7）阴天、有露水时喷药易产生药害，故不宜在阴天或有露水时喷药。

参考文献

[1] 任跃英，高巍．桔梗栽培技术．长春：吉林出版集团有限责任公司、吉林科学技术出版社，2007．

[2] 王祈，杨英．桔梗桔梗无公害栽培技术．北京：中国三峡出版社，2008．

[3] 杨美全，李成东．黄连桔梗无公害高效栽培与加工．北京：金盾出版社，2004．

[4] 郭巧生．药用植物栽培学．北京：高等教出版社，2004．

[5] 郭靖．无公害桔梗标准化生产．北京：中国农业出版社，2006．

[6] 杨胜亚，余春霞．黄芩、柴胡、桔梗高效栽培技术．郑州：河南科学技术出版社，2004．

[7] 王路宏，陈暄，黄达芳．桔梗党参牛膝高效种植．郑州：中原农民出版社，2003．